上海科普图书创作出版专项资助

重庆市科委科技计划(科普类)资助项目

开天辟地
——聊奇妙的时空

主　　编　　廖伯琴　教育部西南大学西南民族教育与心理研究中心
　　　　　　　　　　西南大学科学教育研究中心

副 主 编　　黄致新　华中师范大学
　　　　　　游霄鹏　西南大学科学教育研究中心

本册编者　　黄致新　游霄鹏　陈梦瑶　冯　欣　王俊民　蔡亲炀　廖伯琴

　　本书为重庆市科委科技计划（科普类）资助项目（项目号：cstc2012gg-kplB00011），重庆市人文社会科学重点研究基地项目"基于网络兴奋点的科学教育普及研究"（批准号：12SKB017）和教育部人文社会科学重点研究基地重大项目"西南民族传统科技的教育转换研究"（项目号：11JJD880017）的研究成果。

上海交通大学出版社
SHANGHAI JIAO TONG UNIVERSITY PRESS

内容提要

"物理聊吧"系列丛书是为青少年精心打造的科普读物，囊括了中学物理学科中力、电、热、光、原等方面的知识，采用"聊"这种轻松、愉快的叙述方式向读者展现了物理学的精彩世界。行文轻松活泼，插图精美有趣，具有相当的可读性、知识性和趣味性。

本册以天文、宇宙、近代物理等方面的知识为载体，结合精美的图片，向读者展示了大千世界的美妙绝伦、变化多端及隐含其中的自然规律。

图书在版编目（CIP）数据

开天辟地：聊奇妙的时空 / 廖伯琴主编. —上海：上海交通大学出版社，2013

（物理聊吧）

ISBN 978-7-313-09389-9

Ⅰ.① 天…　Ⅱ.① 廖…　Ⅲ.① 时空—普及读物　Ⅳ.① 0412.1-49

中国版本图书馆 CIP 数据核字（2013）第 318368 号

开天辟地
——聊奇妙的时空

主　　编：廖伯琴	地　　址：上海市番禺路 951 号
出版发行：上海交通大学出版社	电　　话：021-64071208
邮政编码：200030	
出 版 人：韩建民	
印　　制：上海锦佳印刷有限公司印刷	经　　销：全国新华书店
开　　本：787mm×960mm 1/16	印　　张：7.75
字　　数：97 千字	
版　　次：2014 年 1 月第 1 版	印　　次：2014 年 1 月第 1 次印刷
书　　号：ISBN 978-7-313-09389-9/O	
定　　价：30.00 元	

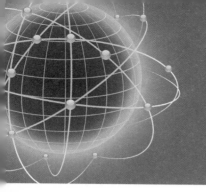

序　言

　　本世纪初,我国启动了新中国成立以来改革力度最大、社会各界最为关注、意义深远的基础教育课程改革,其中科学教育,尤其是综合科学教育受到越来越多的研究者关注。小学 3 ～ 6 年级的综合科学课程开设,初中 7 ～ 9 年级综合科学课程的艰难推进,以及分科科学课程从课程标准到评价考试的调整,引发人们从不同的视角阐释科学的外延与内涵、科学教育的功能、科学课程的理念、科学教学的模式以及科学教师的成长等。

　　为顺应时代发展需求,促使素质教育深入推进,探索科学教育的理论及实践,我们将陆续推出科学教育丛书系列,希望能从理论和实践层面、跨学科的多角度、国际比较的开阔视野等,介绍与科学教育相关的系列内容。

　　目前,本套丛书含四个系列:其一,科学教育理论研究系列,从科学教育学到科学课程、教材、教学、评价等方面进行研究(如《科学教育学》,科学出版社出版);其二,科学普及丛书,基于日常生活,对中学生进行科学普及教育(如《物理聊吧》丛书,上海交通大学出版社出版);其三,科学教育跨文化研究系列,从国际比较、不同民族等多元文化视角研究科学教育科学;其四,科学教材译丛,翻译国外优秀的理、化、生中学教材(如《FOR YOU》教材系列,上海科学技术出版社出版)。

　　科学普及必须走向全民,科学教育必须“为了每一位学生的发展”。为此,本次推出的《物理聊吧》丛书结合当前正在进行的基础教育课程改革,以现行中学物理课程为依托,独辟蹊径,采用“聊”这种轻松有趣的方式让学生进入物理学的精彩世界。该丛书选材新颖有趣,行文轻松活泼,配图精美生动,具有相当强的可读性和趣味性,可满足广大中学生对物理知识的学习需求,提高其学习物理的兴趣,促进其科学素养的提升。

　　本套丛书共分五册,每一分册围绕一个主题。

第 1 册:《原来如此——聊身边的物理》,结合我国中学物理课程标准的要求,以力、电、热、光、原方面的知识为载体,选择精彩又易迷惑的问题,揭示物理学与日常生活的联系,引导读者从生活走向物理,从物理走向社会。

第 2 册:《玩转物理——聊动手做的乐趣》,物理学是一门实验学科,科学知识的获取与人类探索大自然的科学思想与方法密切相关,本册书介绍了物理学的趣味实验及其相关操作,以此激发读者动手做的兴趣。

第 3 册:《谁主沉浮——聊物理学家那些事儿》,通过物理学家的精彩故事,让读者了解物理学含有科学知识,还含有思想方法以及情感态度等,本册图文并茂且生动有趣地介绍了中外著名物理学家的事例。

第 4 册:《不可思议——聊科学技术的应用》,结合中学生了解的物理知识,通过生活中的实例,向读者传递科学、技术、社会的价值理念,让读者了解科学技术造福人类的同时也会给人类带来生存危机。

第 5 册:《开天辟地——聊奇妙的时空》,以天文、宇宙、近代物理等方面的知识为主要载体,结合精美图片,展示大千世界的美妙绝伦,以此吸引读者关注大千世界的变化多端,学习隐含其中的自然规律。

该套丛书紧密结合当前正在进行的基础教育课程改革,以现行中学物理课程为依托,既来源于教材,又不拘泥于教材。一方面可作为广大中学生朋友的课外阅读材料,另一方面也可作为广大教师的教学参考资料。

在课程改革的过程中,继承与发展是永恒的主题。本世纪初启动的基础教育课程改革,也遵循了这一原则。每次课程改革都会打上当时的历史印记,也会凝聚大批科学教育研究者、科学教师等多方人士的心血,这是中国教育的一笔宝贵财富。我们期望在继承与发展的基础上完成科学教育丛书系列,为科学普及做出贡献。

在本套书编写过程中,众多专家学者给予了指导,不少同学帮助查找并整理了相关资源,一线老师帮助审读修订了部分内容,出版社从选题及编辑等方面做出了有意义的贡献,在此表示由衷感激!另外,由于时间仓促、资源所限等,难免出现错误,请各位读者不吝赐教,我们一定及时修订以便该套丛书日臻完善。

主编 廖伯琴

2013 年 7 月 8 日

于西南大学荟文楼

目 录 CONTENT

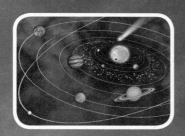

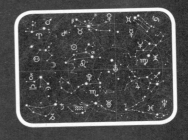

045   第二章 微观世界

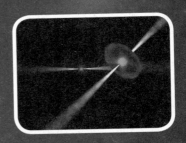

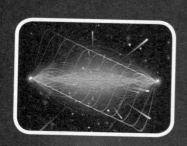

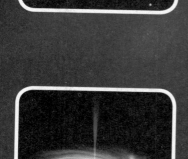

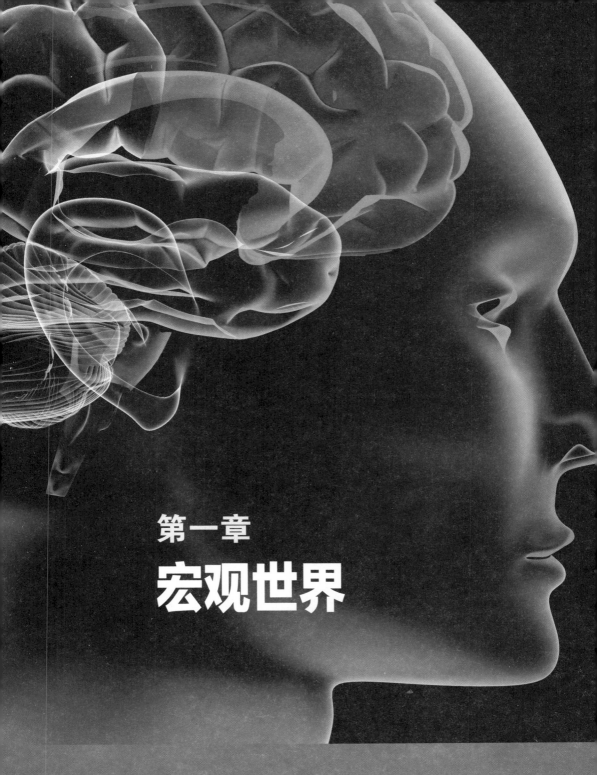

第一章

宏观世界

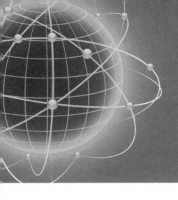

第一节
我们生活的世界
——太阳系

南南,你知道我们生活的地球是在太阳系中的吗?

知道呀! 太阳每天东升西落,为我们提供光和热。

1. 太阳系的组成

太阳系就是我们现在所在的恒星系统。它包括8颗经典行星(水星、金星、地球、火星、木星、土星、天王星、海王星),5颗已经辨认出来的矮行星(冥王星、谷神星、阋神星、妊神星和鸟神星),百余颗已知的卫星和数以亿计的太阳系小天体。这些小天体包括小行星、彗星和星际尘埃等。

那你知道太阳系由哪些天体组成吗?

呃,这个我就真不知道了。

呵呵! 还是我来告诉你们吧! 太阳系是由太阳和围绕太阳运动的天体构成的体系,包括其占有的空间区域。具体而言,太阳系由行星、矮行星、卫星和数以亿计的太阳系小天体等组成。

伯文爷，为什么太阳系中的其他天体都会围绕着太阳转呢？

因为太阳的质量占整个太阳系的99.8%，是中心天体，它的引力控制着整个太阳系，使其他天体绕太阳公转。简单地说，就是万有引力的作用吧！就像月亮绕着地球转一样。

哦！伯文爷，我听说太阳系有9大行星：水星、金星、地球、火星、木星、土星、天王星、海王星和冥王星，为什么您刚才说只有8颗经典行星呢？

哦，这是因为现在天文学家们更加科学地给出了行星的定义，认为冥王星不满足成为经典行星的条件，因此把它归为矮行星。

人类对太阳系的研究一直在持续着，因为我们地球所处的环境与太阳系息息相关。太阳系是宇宙中唯一一个拥有智慧生命的恒星系统吗？天文学家们正在努力研究，探索是否有太阳系外的其他生物存在。

2. 太阳系的形成

关于太阳系的形成，最著名的是星云假说，该学说认为太阳系是46亿年前在一个巨大的分子云的塌缩中形成的。通过研究古老的陨石显示，包含太阳的星团在一个爆炸后的超新星残骸附近，可能是来自超新星爆炸的震波，使邻近太阳附近的星云内部气体发生改变，触发了太阳的诞生。

图 1-1-1　太阳系的天体围绕着太阳公转

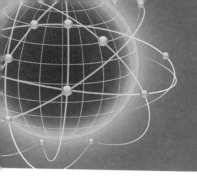

第二节
太阳的兄弟姐妹们
——恒星

司司、南南，前面我们聊到了太阳和太阳系，可你们知道吗？如此庞大的太阳仅仅是宇宙中非常普通的一个天体，类似太阳的天体还有许多呢！

1. 恒星

恒星是由炽热气体组成的、能自己发光的球状或类球状天体。离地球最近的恒星是太阳，其次是半人马座比邻星，它发出的光到达地球需要4.3年。估计我们所在的银河系中的恒星大约有一两千亿颗。

哦？那这些太阳的"兄弟姐妹们"叫什么呀？

它们被统称为"恒星"。恒星是一种能自己发光和发热的天体。

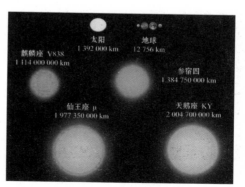

图 1-2-1　不同恒星及其半径示意图

为什么称他们为"恒星"呢？

由于恒星离我们很远，我们看起来它们在天上的位置不变，因此古人称其为"恒星"。

伯文爷，那恒星真的不动吗？恒星发光、发热的能量从哪里来呢？

恒星不是真的不动，其实恒星的运动速度可高了，达到每秒几百公里。恒星发热、发光的能源来自于它们内部进行着的热核反应。

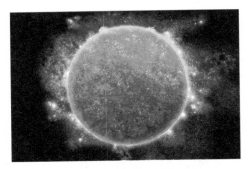

图1-2-2　宇宙中有无数像太阳一样的恒星

2. 恒星的特征

恒星的很多主要特征都是由恒星的初始质量所决定的。

寿命：大多数恒星的年龄在几千万到一千多亿年之间，质量越大的恒星寿命越短。

大小：对于主序星，质量越大的恒星直径也越大。而白矮星和中子星则不然，质量越大直径越小，就好像胖子质量却比瘦子小一般。

光度：主序星的光度和其质量成正比，质量越大的恒星光度越大。

仙王座 W—A(W Cephei A)

图 1-2-3 仙王座恒星半径在太阳的 1 600～1 900 倍之间

那恒星是不是都和太阳差不多大呢？

不是的。恒星的质量相差很大，小到只有太阳质量的 8%，大到有太阳质量的几百倍。恒星尺寸大小分布也很广，小的恒星如中子星直径只有 20km，而超巨星的直径会是太阳直径的几百甚至几千倍。

伯文爷，您刚才说恒星发光、发热是因为内部的反应，那恒星应该不是一成不变的吧？

图 1-2-4 白矮星和中子星是质量越大体积却越小

这是个很好的问题，恒星确实不是一成不变的。恒星的演化是恒星内部的氢燃烧变成氦的时候开始的，这个阶段的恒星我们称之为"主序星"。当内部的氢燃烧完以后，不同质量的恒星演化结局大不相同。中小质量的恒星会演变成白矮星，白矮星只有大约地球那么大，我们的太阳将来就会变成一颗白矮星；大质量的恒星会经过超新星爆发后变为中子星，中子星的直径只有 20km 左右；而更大质量的恒星有可能演变为黑洞呢！你们看看图 1-2-5，它表现了不同质量恒星的演化过程。

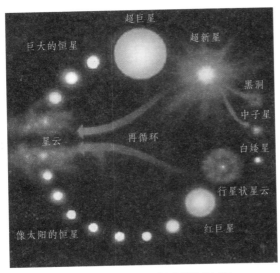

图 1-2-5　不同质量恒星的演化过程

3. 恒星的演化

　　恒星演化是一个恒星在其生命期内的连续变化。生命期则依照恒星的初始质量而有所不同。单一恒星的演化并没有办法完整观察，因为这些过程过于缓慢以至于难以察觉。因此，天文学家利用观察许多处于不同生命阶段的恒星，并通过计算机模型模拟恒星的演变。恒星演化的理论是我们了解恒星，进而了解星系天文学、宇宙学所必需的。

　　图 1-2-6 是太阳的演化过程。可以看出太阳当前正处于"青年"阶段，五六十亿年后将演变成红巨星。

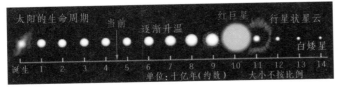

图 1-2-6　太阳的演化过程

　　五六十亿年？天文学家怎么能预测这么久远以后的事呢？

　　恒星的演化很缓慢，天文学家们主要还是通过大量观察处于不同生命阶段的恒星，借助物理学理论和计算机模型推算出来的。

第三节
被束缚住的"小家伙"
——行星

图1-3-1 晴朗的夜空下能够观测到行星

1. 行星

"行星"通常指自身不发光,环绕着恒星运动的天体,其公转方向常与所绕恒星的自转方向相同。一般来说行星需具有一定质量,行星的质量要足够的大且近似于圆球状,自身不能像恒星那样发生核聚变反应。

南南,昨晚我用望远镜看见了木星,还有它周围4颗明亮的卫星,可清楚漂亮了!

太棒了,下次记得叫上我啊!伯文爷,木星是太阳系中最大的行星吗?

是的。太阳系中有8颗经典的行星,其中木星是最大的。

伯文爷,我知道由于太阳的引力作用行星会绕着太阳转动,但具体是如何运动的呢?

由于行星相对于太阳来说质量小很多,在太阳的引力束缚下行星不会脱离太阳。17世纪英国著名科学家牛顿发现的万有引力定律证实了行星会绕着恒星做椭圆轨道运动。

国际天文学联合会大会于2006年8月24日通过了"行星"的新定义,这一定义包括以下三点: 1.必须是围绕恒星运转的天体; 2.质量必须足够大,以克服刚体应力达到流体静力平衡的形状(近于球体);3.必须清除轨道附近区域,公转轨道范围内不能有比它更大的天体。

哦!那太阳系中的行星就是绕着太阳做椭圆轨道运动了。

伯文爷,这些太阳系中的行星性质一样吗?

2.行星的分类

太阳系内的行星按性质可分为三类:经典行星、矮行星和小行星。八大经典行星按不同的标准可以有几种分法。 按位置分有地内行星(水星、金星)和地外行星(火星、木星、土星、天王星、海王星);按结构分有类地行星(水星、金星、地球、火星)和类木行星(木星、土星、天王星、海王星)。

图 1-3-2 一颗密度还不及软木塞的行星 HAT-P-1

行星主要有两种类型。一种称为"类地行星",包含水星、金星、地球、火星 4 颗。顾名思义,这类行星的性质类似于地球,表面都有一层硅酸盐类岩石组成的坚硬壳层,离太阳相对较近,质量和半径都较小。而另一类称为"类木行星",包括木星、土星、天王星、海王星。这类行星的性质类似木星,体积很大,密度低,没有坚硬的表面,有光环和较多的卫星。

伯文爷,除了太阳以外,其他的恒星也有行星围绕它们旋转吧?

3. 太阳系外行星

1992 年,波兰天文学家、美国宾夕法尼亚州立大学教授亚历山大·沃尔兹森和多伦多大学的戴尔·弗雷宣布发现一个围绕脉冲星的行星系统,这是首次对太阳系外行星的确认。1995 年 10 月 6 日,日内瓦大学的米歇尔·麦耶和戴狄尔·魁若兹宣布首次发现一颗普通主序星的行星。

是的。第一颗太阳系外行星是 1992 年在一颗脉冲星周围发现的。到 2013 年 5 月,已经被认定的太阳系外行星总数是 889 颗。但是目前发现的太阳系外行星大部分是高质量的,这是由于选择偏差造成的,也就是说这类行星更容易被发现。

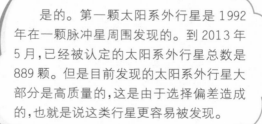

哦! 看来探索宇宙的任务还很艰巨啊!

关于行星的性质及形成原因一直是天体物理学中非常值得研究的课题。而现在更多的太阳系外行星系统的发现，使得人们对行星的研究更进了一步。2008年，人们第一次拍到了太阳系外行星的直接图像，而类地行星很可能存在此行星系统中。相关研究自然地延伸到这些类地行星是否存在智慧生命的探索问题。

图 1-3-3　2008 年发现的行星系统，其中 1 颗为类地行星

图 1-3-4　由类似钻石的珍贵物质组成的钻石行星

第四节
月亮和太阳一样大吗？
——日全食

南南，你见过日全食吗？

见过啊！我记得，2009 年 7 月 22 日看过一次很壮观的日全食。

本节内容

① 日全食

② 日全食的过程

③ 日全食的观测

1. 日全食

日食是一种天文现象,当月球运行至太阳与地球之间时,对地球上的部分地区来说,月球挡住了太阳的部分或全部光线,看起来好像是太阳的一部分或全部消失了,故名"日食"。日全食是日食的一种,即太阳被月亮全部遮住的天文现象。唯有在月球的本影投影在地球表面时,在该区域的人才能够观测到日全食。日全食是一种相当壮丽的自然景象。

嗯!那次日全食可是我国境内多年来观测条件最好的一次哦!

图 1-4-1　2009 年 7 月 22 日重庆观测到的日全食

伯文爷,听说日全食是月亮正好挡住了太阳光形成的,难道月亮和太阳一样大吗?

呵呵!月亮可比太阳小多了。太阳的直径约为 140 万 km,月亮的直径约为 3 476km,所以太阳直径是月亮的 403 倍。但是月亮到地球的距离仅为 38.4 万 km,太阳到地球的距离为 1.5 亿 km,是月地距离的 391 倍。因此,月亮虽然比太阳小很多,但到地球距离近许多,因此我们视觉上看起来太阳和月亮差不多一样大了。

那日全食形成的具体原理是什么呢?

2. 日全食的过程

日全食发生时会经历初亏、食既、食甚、生光、复圆5个过程。"初亏"是指当月球从西边刚刚遮挡太阳，即月球与太阳圆面外切的时刻，是日食的开始。"食既"是指当月面的东边缘与日面的东边缘相内切时，此时整个太阳圆面被遮住，因此，食既也就是日全食开始的时刻。而"食甚"是指当月轮中心和日面中心相距最近时，对日全食来说，月亮继续往东移动，当月面的西边缘和日面的西边缘相内切的瞬间，称为"生光"，它是日全食结束的时刻。"复圆"是指日食的过程中，月亮阴影和太阳圆面第二次发生外切的时刻。复圆是日食过程的结束。

如果太阳、月球、地球三者正好排成或接近一条直线，月球挡住了射到地球上去的太阳光，月球身后的黑影正好落到地球上，这时就会发生日食现象。日食有三种，称为"日全食"、"日偏食"和"日环食"。当太阳被月亮全部遮住时，才能形成日全食。由于月球比地球小，只有在月影中的人们才能看到日全食。日全食是一种非常罕见的天文现象。

哦！那我们下次什么时候能看到日全食呢？

我国下一次发生日全食要等到2035年9月2日了，时长1分29秒。全球范围内，日全食大概一年半发生一次。

图1-4-2 日全食全过程

3. 日全食的观测

日全食很罕见，但用正确的方法观测很重要。观测时请用专业的日食眼镜。专业的日食眼镜对可见光的透射率在十万分之三以下，而且能最大限度地过滤掉杀伤力强大的紫外线和红外线等。如果未佩戴安全的日食眼镜，虽然当时没有任何痛觉等反应，但留下的隐患在几个小时后就会发作。

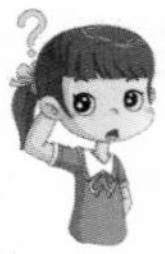

伯文爷，为什么日全食老是在不同的地方出现呢？

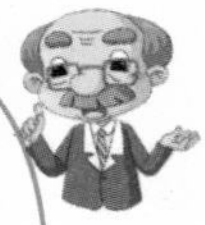

南南问得好！当日全食发生时，被月球挡住阳光的区域在月地之间会形成一个阴影“圆锥”，地球表面擦过“圆锥”部分才能看到日全食。由于日月轨道所限，地表能切到“圆锥”的最大截面，直径也不到 270km。由于每次日全食发生时日、地、月三者的相对位置和角度不同，月影“圆锥”也就扫在地球上的不同地点，日全食也就出现在地球上不同的地方了。

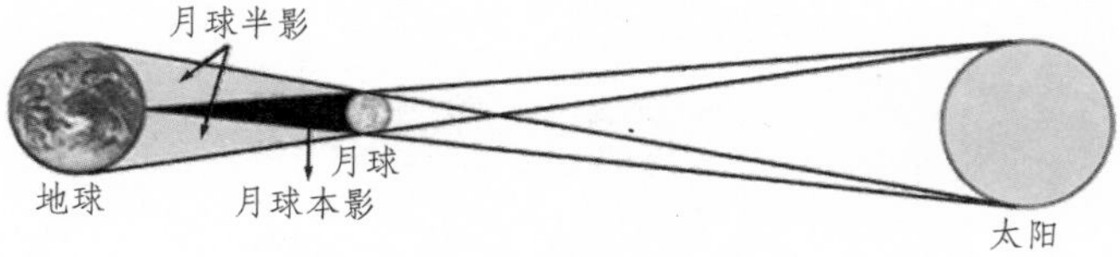

图 1-4-3　日全食形成的原理图

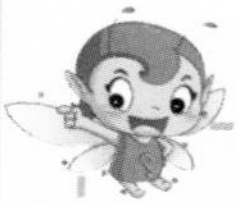

日全食不仅壮观、罕见，其天文学研究的意义也很重大。日全食是我们认识太阳的极好机会。由于太阳光太强，我们平时所见到的太阳，只是它的光球部分，光球外面的色球层和日冕，都淹没在光球的明亮光辉之中。发生日全食时，月亮挡住了太阳的光球圆面，在漆黑的天空背景上，相继显现出红色的色球和银白色的日冕。科学工作者可以在这一特定的时机、特定的条件下，观测色球和日冕，并拍摄色球、日冕的照片和光谱图，从而研究有关太阳的物理状态和化学组成。

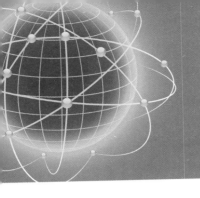

第五节

宇宙里都装了啥?
——宇宙的组成

南南,今天我在《兰亭集序》看到这样一句话:"仰观宇宙之大,俯察品类之盛"。你知道什么是"宇宙"吗?

嗯,这个我还真说不好。

司司、南南,你们是在讨论宇宙吗?

是的,伯文爷。我们在谈有关宇宙的问题。到底什么是宇宙啊?

哈哈!要讨论这个问题啊,先看看古文。《文子·自然》中记载:"往古来今谓之宙,四方上下谓之宇。"《尸子》中记载:"上下四方曰宇,往古来今曰宙。"在多元化的汉语中,"宇"代表上下四方,即所有的空间,"宙"代表古往今来,即所有的时间。所以,"宇宙"这个词有"所有的时间和空间"的意思。宇宙是由空间、时间、物质和能量所构成的统一体,是一切空间和时间的综合。

1. 宇宙

"宇宙"一词,最早出自《庄子》这本书,"宇"代指的是一切的空间,包括东、南、西、北等一切地点,是无边无际的;"宙"代指的是一切的时间,包括过去、现在等,是无始无终的。

2. 宇宙的层次结构

宇宙包括 5 个层次结构,由小到大依次为:①行星及其卫星系统;②恒星及其行星系统;③星团;④银河系及河外星系;⑤星系团及超星系团。

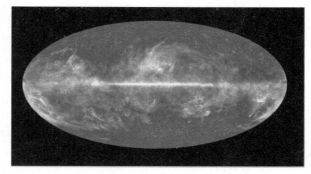

图 1-5-1　宇宙全景图

图 1-5-2　球状星团 M13

图 1-5-3　河外星系中的仙女座星系

那宇宙具体的组成是怎样的呢?

我们能通过望远镜观测到的宇宙,从等级上分,组成宇宙最小的系统是"行星系统",比如说地球与月球组成的系统。其次是恒星及其行星组成的"恒星系统",如太阳系。恒星通过引力聚集在一起形成星团是更高一个层次的系统。而无数星团又组成更大的系统,成为"星系",如我们所在的银河系以及其他河外星系。再大一点,就是银河系星系组成的"星系团"及"超星系团"了。

伯文爷,是不是宇宙内的所有物质我们都看得见呢?

当然不是。宇宙的组成不仅包括可观测的天体,还包括看不见的,只有引力作用的天体,称为"暗物质"。除此之外,宇宙还包含一种叫做"暗能量"的成分。据目前最新研究成果显示,暗能量约占了整个宇宙成分的71.4%,暗物质约占了24.0%,而我们可观测到的原子物质只约占整个宇宙成分的4.6%。

3. 宇宙的成分

宇宙的成分包括原子物质、暗物质和暗能量,目前最新研究成果显示,原子物质约占4.6%,暗物质约占24.0%,暗能量约占71.4%。

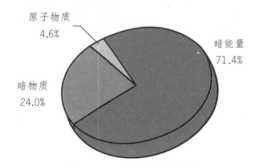

图 1-5-4　宇宙物质的组成

图 1-5-5　类似星云这种原子物质约占宇宙成分的4.6%

通过现代宇宙学研究,我们发现广阔的宇宙不仅包含我们通常说的物质组成部分,如行星、恒星、星团、星系、星系团、星际介质等,还包括我们看不见的只有引力作用的物质——暗物质,以及一种能起斥力作用的成分——暗能量。而暗能量与暗物质占了宇宙成分的绝大部分,约95%。但究竟暗能量与暗物质的本质是什么,一直是现在天文学及物理学中重要的研究课题,需要更多的科学家进一步研究发现。

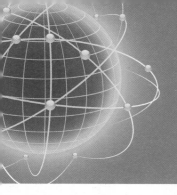

第六节
牵着手的星球们
——万有引力

伯文爷,您前面说月亮绕着地球转,地球围绕太阳转,都是因为万有引力的作用。您能再详细解释下,万有引力是怎么回事吗?

1.万有引力定律的内容

牛顿于 1687 年正式发表了万有引力定律:自然界中任何两个物体都是相互吸引的,引力的大小跟这两个物体的质量的乘积成正比,跟它们的距离的二次方成反比,即 $F=G\dfrac{m_1m_2}{r^2}$。

17 世纪英国物理学家牛顿在前人的基础上,证明了如果太阳和行星之间的力与距离的二次方成反比,则行星的轨迹是椭圆,并阐述了普遍意义下的万有引力定律。后来科学家卡文迪许通过扭秤实验,证明了万有引力定律的正确性。

那万有引力定律是怎么描述的呢?

自然界中任何两个物体都是相互吸引的,引力的大小可用万有引力公式算出。如果两物体间的距离越大,那么它们之间的万有引力就越小,相反,引力就越大。如果两物体质量的乘积越大,那么它们之间的万有引力就越大,相反,引力越小。

图 1-6-1　牵着手的星球们

物体是相互吸引的,那看来不仅是地球对月亮有引力,月亮对地球也有引力的,可为什么地球不绕着月亮转呢? 另外,众多星星聚集在一起也是万有引力的作用吗?

图 1-6-2　万有引力

南南问得太好了! 其实地球和月亮都绕着它们的中心,我们称之为"质心旋转"。因为月亮的质量比地球小许多,质心离地球中心太近,几乎和地球中心重合,所以我们看不出地球在绕质心转。但月球离质心很远,所以我们看到像是月亮绕着地球转。而万有引力定律对所有物体都适用,所以星星聚集成星团也是万有引力所起的作用。

2.万有引力定律的意义

万有引力的发现是 17 世纪自然科学最伟大的成果之一。它把地面上物体运动的规律和天体运动的规律统一了起来,对物理学和天文学的发展具有深远的影响。它第一次揭示了自然界中一种基本相互作用的规律,在人类认识自然的历史上树立了一座里程碑。

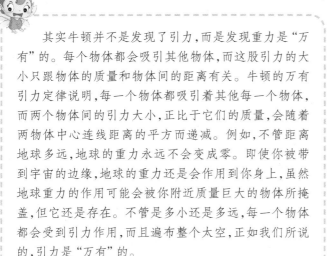

其实牛顿并不是发现了引力,而是发现重力是"万有"的。每个物体都会吸引其他物体,而这股引力的大小只跟物体的质量和物体间的距离有关。牛顿的万有引力定律说明,每一个物体都吸引着其他每一个物体,而两个物体间的引力大小,正比于它们的质量,会随着两物体中心连线距离的平方而递减。例如,不管距离地球多远,地球的重力永远不会变成零。即使你被带到宇宙的边缘,地球的重力还是会作用到你身上,虽然地球重力的作用可能会被你附近质量巨大的物体所掩盖,但它还是存在。不管是多小还是多远,每一个物体都会受到引力作用,而且遍布整个太空,正如我们所说的,引力是"万有"的。

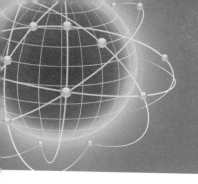

第七节
当它还是一个婴儿时
——宇宙的起源

伯文爷,前面我们聊到许多关于宇宙的知识,可宇宙是怎么来的呢?

呵呵!要说到宇宙的起源啊,这可是千百年来,人们一直在探索的课题了。我先给你们讲讲我国和西方关于宇宙起源的传说吧!司司,南南,你们想先听哪一个呢?

先听我国的吧!

我国有盘古开天辟地的传说。话说在天地还没有开辟以前,宇宙就像是一个大鸡蛋一样混沌一团。有个叫做"盘古"的巨人在这个"大鸡蛋"中一直酣睡了约18 000年后终于醒了,盘古凭借着自己的神力把天地开辟出来了。他的左眼变成了太阳,右眼变成了月亮;头发和胡须变成了夜空的星星;他的身体变成了东、西、南、北四极和雄伟的三山五岳;血液变成了江河;牙齿、骨骼和骨髓变成了地下矿藏;皮肤和汗毛变成了大地上的草木;汗水变成了雨露。盘古的精灵魂魄也在他死后变成了人类。所以中国古人认为宇宙是盘古开天辟地而来的。

那西方对宇宙的起源是怎么认识的呢?

西方认为是上帝创造了天地和万物,也就是说,宇宙是上帝创造的。当然,这主要是由于当时的条件有限和人们的认识水平有限。目前,大家比较认同的是"宇宙大爆炸说"。

宇宙大爆炸说? 意思是宇宙是大爆炸而来的吗?

1. 宇宙起源的传说

关于宇宙起源的传说,在古代由于条件的限制,人们只能凭心去想。在中国,比较有名的是"盘古开天辟地说"和"女娲补天说"。在西方,比较流行的是"上帝创造万物说"。这些传说虽然没有什么科学依据,但也反映了当时人们对宇宙的朴素认识。

图 1-7-1　盘古开天辟地

图 1-7-2　上帝创造万物

2. 宇宙大爆炸学说

宇宙大爆炸是一种宇宙起源的学说，是根据天文观测研究后得到的一种设想：大约在137亿年前，宇宙所有的物质都高度密集在一点，有着极高的温度，因而发生了巨大的爆炸。大爆炸以后，物质开始向外大膨胀，就逐渐形成了今天我们所看到的宇宙。

是的。现代宇宙学的研究认为我们的宇宙起源于一次大爆炸。大约137亿年前，我们所处的宇宙没有物质只有能量，在极高的温度下，以极大的密度被挤压在一个"原始火球"中，宇宙就是在这个火球的大爆炸中诞生的。大爆炸使宇宙空间不断膨胀，温度也相应下降，后来相继出现在宇宙中的所有星系、恒星、行星乃至生命，都是在这种不断膨胀冷却的过程中逐渐形成的。

关于宇宙的起源，在古代，无论在中国还是西方，都有很多种说法，比如中国的"盘古开天辟地"、"女娲补天"传说，西方的"上帝创造万物说"等。但目前，比较受到认可的是"大爆炸学说"。这种理论目前已得到许多观测事实证实，是目前科学家们认为最正确的解释。

第八节
神奇的理论
——宇宙大爆炸学说

本节内容

① 宇宙大爆炸理论的提出
② 哈勃定律

司司、南南，前面我们聊到了宇宙的起源，现在科学家们普遍认同宇宙大爆炸学说，你们想知道这种理论是如何提出来的吗？

嗯,我正感到很好奇呢!爷爷,快点告诉我们吧!

好!在 1927 年,比利时牧师、物理学家乔治·勒梅特首先提出了关于宇宙起源的大爆炸理论,但他本人将其称作"原生原子的假说"。这一模型的框架基于爱因斯坦的广义相对论,并在场方程的求解上作出了一定的简化。他指出哈勃在 1924 年观测到的宇宙膨胀现象正是爱因斯坦引力场方程所预言的。因此,过去的宇宙必定比今天的宇宙占有更小的空间尺度,并且宇宙有一个起始之点,称为"原始原子"。有趣的是,真正提出"宇宙大爆炸"这个词的学者是英国天文学家弗雷德·霍伊尔,但他却是与大爆炸理论相对立的学说——稳恒态理论的支持者,他在 1949 年的一次广播中将勒梅特的理论称为"宇宙大爆炸"理论。而完整的宇宙大爆炸理论最早是由伽莫夫和阿尔弗提出来的。

哦,原来宇宙大爆炸理论的提出背后还有这么些有趣的故事啊!爷爷,那大爆炸理论最后为什么能得到科学界的普遍认同呢?它应该有比较充分的证据吧?

1. 宇宙大爆炸理论的提出

1948 年,伽莫夫和阿尔弗首先提出宇宙起源于约 100 ~ 150 亿年前一次猛烈的巨大爆炸。他们认为宇宙的爆炸是空间的膨胀,物质则随着空间膨胀(宇宙是无中心的)。随着宇宙膨胀和温度降低,构成物质的原初元素相继形成。

2. 哈勃定律

1929 年，哈勃仅用 24 个星系的观测资料，做出了距离与视向速度的关系图，提出了"哈勃定律"。该定律指出：星系退行速度和星系距离成正比；所有的天体在远离我们而去，宇宙在膨胀；宇宙的年龄是有限的，它有一个起点。

是的。我们天文学上每一个理论的提出，都需要有观测事实作为证据。大爆炸宇宙学的观测证据主要有三个。第一个就是哈勃定律的发现，它证实了宇宙在膨胀，那很容易推想到宇宙过去应该占有很小的空间。第二个证据是宇宙微波背景的发现。大爆炸理论预言我们现在应该能观测到一个充满整个宇宙的辐射，即"宇宙微波背景辐射"，这个预言在 1964 年被观测证实了。第三个证据是当前所观测到的宇宙中轻元素的丰度和大爆炸理论所预言的非常接近。大爆炸理论预测了宇宙早期快速膨胀并冷却过程中最初的几分钟内，通过核反应所形成的这些元素的理论丰度值，定性并定量描述了宇宙早期形成的轻元素的丰度。

图 1-8-1 哈勃发现了宇宙膨胀现象

大爆炸宇宙学模型确实是目前科学家们认为最正确也最受青睐的模型。该理论的核心观点包括宇宙膨胀、早期高温态、氦元素形成、星系形成等，但都是从独立于任何宇宙学模型的实际观测中推论出的。这些实际观测包括轻元素的丰度、宇宙微波背景辐射、哈勃定律等。但大家要注意，大爆炸宇宙学模型不是唯一的模型，而且该理论也不能解释所有的现象，有些理论，如宇宙暴涨等问题，仍然有一些猜测的成分在内，缺少观测事实作为依据。如何找到这些观测现象的正确解释仍然是当今物理学和天文学最大的未解决问题之一。

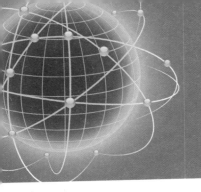

第九节
上百亿年前的访客
——宇宙微波背景辐射

伯文爷,前面你给我们讲了宇宙是一次大爆炸而来,这种理论的证据之一是宇宙微波背景辐射。那什么是"宇宙微波背景辐射"呢?

1. 宇宙微波背景辐射的发现

1965 年彭齐亚斯和威尔逊在改进卫星通讯设备时,在 7.35cm 波长的地方发现宇宙背景中存在温度为 3.5 K、各向同性的黑体辐射。与此同时,休斯敦大学的迪克和皮布尔斯从理论计算得到宇宙大爆炸留下背景辐射为 10 K 的"黑体辐射"。后来证实了宇宙微波背景辐射就是黑体辐射。

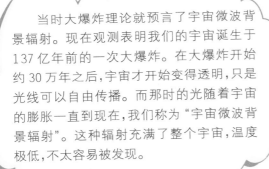

当时大爆炸理论就预言了宇宙微波背景辐射。现在观测表明我们的宇宙诞生于 137 亿年前的一次大爆炸。在大爆炸开始约 30 万年之后,宇宙才开始变得透明,只是光线可以自由传播。而那时的光随着宇宙的膨胀一直到现在,我们称为"宇宙微波背景辐射"。这种辐射充满了整个宇宙,温度极低,不太容易被发现。

那后来宇宙微波背景辐射是怎么被发现的呢?

1965 年,彭齐亚斯和威尔逊发现了微波背景辐射。他们用了一个喇叭形的天线接受"回声"卫星的信号。为了检测这台天线的噪声性能,他们将天线对准天空方向进行测量。结果发现,在波长为 7.35cm 的地方一直有一个讯号存在,这个讯号既没有周日的变化,也没有季节的变化,因而可以判定与地球的公转和自转无关。后来这个讯号证实为微波背景辐射。这个发现证实了大爆炸理论的预言,令大爆炸理论声誉大振;而彭齐亚斯和威尔逊也因为这个伟大的发现获得了诺贝尔物理学奖。

2. WMAP 探测器

WMAP 探测器于 2001 年 6 月 30 日发射升空。该探测器由于可以覆盖的范围广,且角分辨率很高,用于探测出宇宙微波背景辐射的各向异性。该探测器的成功发射使得宇宙学的研究进入了精确宇宙学的时代,其观测数据给出了丰富的结果。比如测出宇宙的年龄是 137 亿年,误差仅为 1%,测出宇宙的成分,包括原子物质、暗物质、暗能量等。

噢!那这个发现到现在已经有近 50 年了,后来的观测还有证明宇宙微波背景辐射存在的吗?

是的。1989 年发射的宇宙背景探测仪的观测进一步证实了宇宙微波背景辐射的高度各向同性。后来在 2001 年发射的 WMAP 空间探测器更加精确地测定了宇宙微波背景辐射,并且发现了微小的各向异性,就是这点"异性"才使得我们宇宙形成了现在这么丰富多彩的样子。

图 1-9-1　用 WMAP 空间探测器的数据绘出的宇宙微波背景图像

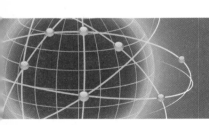

　　宇宙微波背景辐射的发现是我们认识宇宙及大爆炸理论最关键的证据之一,它和哈勃定律及宇宙原初元素丰度的形成是大爆炸宇宙学的三大基石。现在我们发现宇宙微波背景辐射不仅是高度各向同性的,而且有非常小的起伏存在。正是这些小的起伏使得我们的宇宙不是到处完全一样的死寂,才有了各种丰富的形态。

第十节
光线会弯曲吗?
——引力透镜效应

　　伯文爷,平时我们看到的光线都是直线传播的,它有没有可能会弯曲呢?

本节内容　▶

① 光线弯曲现象
② 引力透镜效应
③ 引力透镜效应的应用

1. 光线弯曲现象

光线弯曲现象是爱因斯坦的广义相对论的重要预言之一,指光线在通过强引力场附近时会发生弯曲。

有啊!根据爱因斯坦的广义相对论,物质会使得其周围的时空产生弯曲,这样光在引力场中传播时就会发生偏折,我们称为"光线弯曲现象"。引力场越强,光线弯曲程度越大。

哦,那为什么我们感觉不到光线的弯曲呢?

这是因为我们周围的物质引力场都太弱,时空弯曲完全可以忽略不计,因此感觉不到光线弯曲的现象。只有像黑洞、星系等这些宇宙中大质量的天体产生强有力的引力场才能观测到光线弯曲的现象。

图 1-10-1　黑洞周围的时空弯曲程度最大

1911 年爱因斯坦讨论了光线经过太阳附近时由于太阳引力的作用会产生弯曲,并且指出这一现象可以在日全食时进行观测。1919 年日全食期间,英国皇家学会和英国皇家天文学会派出了由爱丁顿等人率领的两支观测队观测。经过比较,两地观测到的偏角数据跟爱因斯坦的理论预期基本相符。但这种观测精度太低,人们一直在找日全食以外的可能。20 世纪 60 年代发展起来的射电天文学为此带来了希望,科学家用射电望远镜发现了类星射电源。1974 年和 1975 年对类星体的观测值和理论的偏差不超过 1%。

嗯！光线弯曲需要超强的引力场。那光线弯曲在宇宙中有什么现象可以观测到呢？

最著名的现象就是"引力透镜现象"了。引力透镜现象是引力场源对位于其后的天体发出的电磁辐射所产生的会聚或多重成像效应，因类似凸透镜的会聚效应而得名。引力透镜效应是爱因斯坦的广义相对论所预言的一种现象，由于时空在大质量天体附近会发生畸变，使光线在大质量天体附近发生弯曲。如果在观测者到光源的视线上有一个大质量的前景天体则在光源的两侧会形成两个像，就好像有一面透镜放在观测者和天体之间一样，这种现象就是"引力透镜效应"。

伯文爷，什么叫"前景天体"啊？

哦，是这样的。相同视线方向，远于目标天体的，叫"背景天体"；近于背景天体的，叫"前景天体"。比如，在图1-10-2中，在视线附近的星系就是遥远类星体的前景天体。

2. 引力透镜效应

"引力透镜效应"就是当背景光源发出的光在引力场（比如星系、星系团及黑洞）附近时，光线会像通过透镜一样发生弯曲。光线的弯曲程度主要取决于引力场的强弱。根据强弱的不同，引力透镜现象可以分为"强引力透镜效应"和"弱引力透镜效应"。

3. 引力透镜效应的应用

引力透镜效应在天体物理学中有很多重要的应用,比如可以用于研究宇宙中物质的分布,研究引力透镜对遥远类星体光线的影响,有助于解决关于宇宙年龄和宇宙当前膨胀速率的争论。利用引力透镜效应还能探索黑洞等。

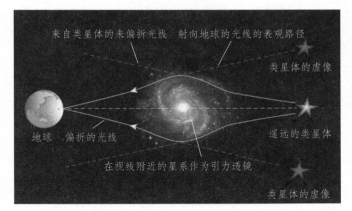

图 1-10-2　引力透镜现象

哦!那引力透镜现象有什么实际应用吗?

你们已经知道,引力透镜产生的原因是大质量的前景天体造成的光源的光线弯曲,其实光线弯曲的程度与前景天体的质量大小相关。因此,我们可以用该现象来测量前景天体的质量,进一步还能给出前景天体的质量分布。

"引力透镜效应"是爱因斯坦广义相对论所预言的一种现象,由于时空在大质量天体附近会发生畸变,使光线在大质量天体附近发生弯曲(光线沿弯曲空间的短程线传播)。对引力透镜效应的观测证明爱因斯坦的广义相对论确实是引力的正确描述。

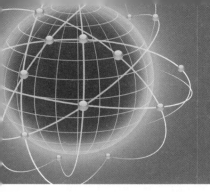

第十一节
超长的单位
——光年

伯文爷,为什么我们每次都是先看到闪电,再听到雷声呢?

我们知道声音在空气中的传播速度大约为 340m/s,而我们要先看到闪电后听到雷声,说明光在空气中的传播速度比声音快很多。

图 1-11-1　人为什么先看到闪电再听到雷声?

那光在空气中的传播速度是多少呢?

光在空气中的传播速度大约为 30 万千米每秒。这是一个很大的速度,每秒光传播的距离可以绕地球赤道 7 圈半。

爷爷,那天上的星星离我们到底有多远呢?

1. 光速的定义

"光速"是指光波或电磁波在真空或介质中的传播速度。物理学中,真空中的光速是一个重要的物理常量。光速的定义值为 $2.997\,924\,5\times10^5$ km/s,我们一般取值约为 3.0×10^5 km/s。

2. 光年

"光年"是长度单位,指光在真空中行走一年的距离,是由时间和速度计算出来的。如果以 1 年为 365 天 5 小时 48 分 45.9747 秒,光速为 $2.997\,924\,58\times10^8$ m/s 来计算,那么 1 光年为 $9.460\,528\,404\,893\,588\,126\times10^{15}$ m。我们通常取 1 光年为 9.46 万亿公里。

这就难说了! 但都是很遥远的,近一点的有几光年,远的有几万、几百万,甚至是上亿、几十亿光年。当然我们的肉眼不能看到太遥远的天体发出的光,只能用天文望远镜观测。我们能看见的星星,如牛郎星和织女星,离地球的距离分别为 16 光年和 27 光年。

嗯? 光年? 光年是距离的单位吗?

是的。光年就是以光的速度走一年时间的距离。我们可以算一算,1 光年大约等于 9.46 万亿公里那么远呢!

伯文爷,那么,光的传播速度应该是最快的了吧?

是的,光速是目前已知的最大速度。现代物理学认为光速是最快的速度,任何超光速的现象都是不可能的。如果将来有一天有人能从实验测出超光速现象,那物理学中的相对论将被颠覆。

那光在不同的介质中传播速度一样吗?

当然不一样了。光也是一种电磁波,在不同介质中传播时的速度依赖于介质的性质。比如,有实验测出光在水中的速度是22.5万千米每秒,比光在真空中的速度小。

光速是指光波或电磁波在真空或介质中的传播速度。科学家们认为光速是最大速度,超光速的问题不在物理学讨论范围之内。爱因斯坦的狭义相对论中的原理之一是光速不变原理。如果将来有人发现超光速的现象存在,那么很多物理学理论将被颠覆。

第十二节
美丽的流苏
——北极光

生活中有许许多多绚丽多彩的自然现象,司司、南南,你们最喜欢哪种自然景观呢?

本节内容 ▶

北极光

图 1-12-1　北极光

爷爷,我最喜欢七色彩虹了,好漂亮哦!如果能建造像彩虹一样的大桥该多好啊!

南南说得太好了!那你们还知道有哪些美丽的自然现象吗?

伯文爷,听说有一种很美丽的流苏叫"北极光",北极光是怎么回事呢?

北极光

北极光是在北极地区高层大气中出现的极光。更确切地说,是来自太阳的高速粒子撞击北极地区上空的气体分子时产生的各种颜色光。

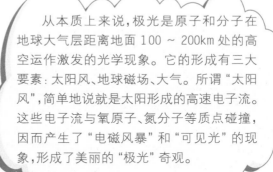

从本质上来说,极光是原子和分子在地球大气层距离地面 100 ~ 200km 处的高空运作激发的光学现象。它的形成有三大要素:太阳风、地球磁场、大气。所谓"太阳风",简单地说就是太阳形成的高速电子流。这些电子流与氧原子、氮分子等质点碰撞,因而产生了"电磁风暴"和"可见光"的现象,形成了美丽的"极光"奇观。

伯文爷,在哪里可以见到美丽的极光现象呢?

极光最常出现在南北磁纬度 67° 附近的两个环状带区域内,分别称为"南极光区"和"北极光区"。北半球以阿拉斯加、北加拿大、西伯利亚、格陵兰、冰岛南端和挪威北海岸为主;而南半球则集中在南极洲附近。值得一提的是,北极附近的阿拉斯加、北加拿大是观赏极光的最佳地点,阿拉斯加的费尔班更赢得"北极光首都"的美称,以其寒冷的冬季和夏季的长时间光照而闻名,一年之中有超过 200 天的极光现象。你们以后有机会到阿拉斯加,一定要看看那迷人的北极光,捕捉那千变万化的超级"电光秀"。此外,我国最北的漠河,也可以观测到北极光。

长期以来,极光的成因一直众说纷纭。这天象之谜,直到人类将卫星火箭送上太空之后,才有了物理性、合理的解释。在 20 世纪,人们利用照相机、摄影机及卫星,才能清楚地看到并了解到太阳能流与地球磁场碰撞产生的放电现象,它是一束束电子光河,在离地球 60mile（1mile=1.609 344km）的天空,释放出一百万兆瓦的光芒。而极光则是原子与分子在地球大气层最上层（距离地面 100 ~ 200km 处的高空）运作激发的光学现象。

第十三节
星座传说
——星图

伯文爷,有同学说我是处女座,南南是狮子座,通过星座就能判断我们的性格,这是真的吗?

本节内容 ▶

① 星座
② 黄道十二星座

呵呵,这是占星术。它是借黄道12星座的形象,来预测和判断人的命运和性格,但天文学家都把占星术视为没有使用真正科学方法的"伪科学"。我们要相信科学。

伯文爷,星座是不是我们看到的天上的星星啊,您给我们介绍一下星座,好吗?

"星座"是指天上一群恒星的组合。在宇宙中,这些恒星其实相互间没有实际的关系,不过其在天球球面上的位置相近。自古以来,人们对于恒星的排列和形状很感兴趣,并很自然地把一些位置相近的星星联系起来,组成星座。

1. 星座

"星座"是指天上一群位置相近的恒星的组合,用线条连接这些恒星,形成各种图形,根据其形状,分别以近似的动物、器物或神话人物命名,如天鹅座、仙女座等。这些名称大多都根据中世纪传下来的古希腊传统星座为基础。

天上那么多星星,到底有多少个星座啊?

为识别方便,人们把空中恒星的自然分布划分成若干区域,每个区域叫做一个星座。国际天文学联合会用精确的边界把天空分为88个正式的星座,使肉眼看见的天空中的每一颗恒星都属于某一特定星座。

那我们如何认识星座呢？

要认识星座最好用星图，也就是"星星的地图"。星图是天文学上用来认星和指示位置的一种重要工具，它精确地描述或绘制了夜空中持久的特征，一般都会标有方向。例如，恒星、恒星组成的星座、银河系、星云、星团和其他河外星系的绘图集。

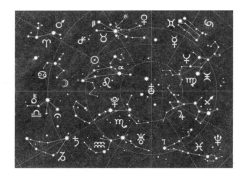

图 1-13-1　星座图

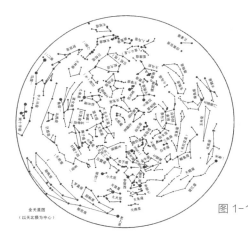

图 1-13-3　以天北极为中心的星图

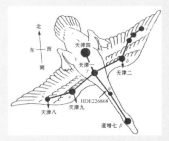

图 1-13-2　天鹅星座

2. 黄道十二星座

"黄道十二星座"是占星学描述太阳在天球上经过黄道的十二个区域，包括白羊座、金牛座、双子座、巨蟹座、狮子座、处女座、天秤座、天蝎座、射手座、摩羯座、水瓶座、双鱼座。占星学认为不同时间出生的人属于不同的黄道十二星座之一，因而有不同的性格。但天文学上认为这没有科学依据。

图 1-13-4　人们赋予十二星座各种形象和寓意

我们通过认识星座来认识星空。辨别星座也是很多天文爱好者的观测兴趣点之一。我们可以用星图来认识星座,但我们要明白星座是一群星的组合,是人们为了辨认而划分区域定义了星座。所以,每个星座中的恒星没有必然的物理联系,只是在天球上看起来位置接近而已,更不要说星座与我们人的性格相关了。

第十四节
天外来客
——陨石

本节内容 ▶

① 陨石
② 陨石的特征
③ 陨石的起源

图 1-14-1　流星雨

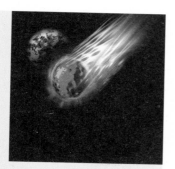

图 1-14-2　下落中的陨石

司司、南南,你们知道天上会下雨,可你们相信天上也会下石头吗?

啊? 天上下石头那也太危险了吧? 伯文爷,您不会是说冰雹吧?

039

呵呵！那你们见过流星雨吗？你们想想流星雨是怎么形成的,若这种"流星雨"下到地面会是怎么样的呢？

伯文爷,我没见过美丽的流星雨,但见过在空中一飞而过的流星,还真不知道他们飞到地面是什么样子呢！您快给我们讲讲吧！

我们把分布在星际空间的细小物体和尘粒,叫做"流星体"。它们飞入地球大气层,跟大气摩擦发生了光和热,最后被燃尽成为一束光,这种现象叫"流星"。通常所说的流星指这种短时间发光的流星体。但如果流星体未燃尽,脱离原有运行轨道或成碎块散落到地球表面,这些石质的、铁质的或是石铁混合的物质,我们称为"陨石",也称"陨星"。大多数陨石来自小行星带,小部分来自月球和火星。

那我们怎样知道一块石头是不是陨石,又有哪些类型的陨石啊？

1. 陨石

"陨石"也称"陨星",是从星际空间穿过地球大气层而陨落到地球表面上的天然固态物体。

2. 陨石的特征

陨石在大气层中燃烧磨蚀,形态多浑圆无棱角。

熔坑:陨石表面都布有大小不一、深浅不等的凹坑,即熔蚀坑。不少陨石还具有浅浅的长条形气印,可能是低熔点矿物脱落留下的。

比重:陨石因为含铁、镍比重较大,比一般岩石比重大。

磁性:各种陨石因含有铁而具强度不等的磁性。

条痕:陨石在无釉瓷板上摩擦一般没有条痕或仅有浅灰色条痕,而铁矿石的条痕则是黑色或棕红色,以此加以区别。

图1-14-3　陨石

3. 陨石的起源

在太阳的卫星——火星和木星的轨道之间有一条小行星带,它就是陨石的故乡。这些小行星在自己轨道运行,并不断地发生着碰撞,有时就会被撞出轨道奔向地球。在进入大气层时,与之摩擦发出光热便是流星。流星进入大气层时,未燃尽者落到地球上,就成了陨石。

我们可以根据陨石的特性来鉴定一块样品是否为陨石。陨石一般具有外表熔壳、表面气印、内部金属含量高、磁性强、含有硅酸盐球粒、比重大等特点。而陨石根据其内部的铁、镍金属含量高低通常分为三大类:石陨石、铁陨石、石铁陨石。石陨石中的铁、镍金属含量小于等于30%;石铁陨石的铁、镍金属含量在30% ~ 65%之间;铁陨石的铁、镍金属含量大于等于95%。

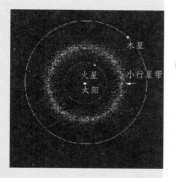

图1-14-4　小行星带示意图

那陨石落在地球上,岂不是要对地球造成损坏?

是的。我们在地球上发现的许多陨石坑就是陨石撞击地面所形成的。大型陨石撞击地球会使地球环境造成严重的破坏。现在科学家们发现恐龙的灭绝很可能与6 600万年前落入地球的巨大陨石有直接关系。陨石也在威胁着人类的生存环境。人们现在在监测小行星的运行轨道,去了解陨石的特性,减少其对人类环境的破坏。

图1-14-5　被陨石撞击出来的陨石坑

陨石是天外来客,是地球以外未燃尽的宇宙流星脱离原有运行轨道或成碎块散落到地球表面的石质的、铁质的或是石铁混合的物质。它能带来地球上稀少的元素,但是,太大的小行星撞击地球则可能引发海啸、地震、火山爆发,甚至大气巨变、动植物死亡等,造成大灾难。人们对陨石的研究不仅了解了陨石本身的性质,更是让我们了解了陨石对我们人类生存的危害,并进一步研究策略减少其对地球的破坏。

第十五节
夜空中的灯塔
——脉冲星

司司、南南,有这样一个故事:1967年,一名叫贝尔的女研究生,发现一些有规律的脉冲信号,它们的周期十分稳定。一开始,人们对此很困惑,甚至曾想到这可能是外星人在向我们发电报联系。后来证实了这不是外星人的联络工具。

伯文爷,那这个发现到底是什么呢?

本节内容 ▶

① 脉冲星的发现
② 灯塔模型
③ 脉冲星大事记

1. 脉冲星的发现

1967年10月,一名来自剑桥大学卡文迪许实验室的研究生——24岁的乔丝琳·贝尔检测射电望远镜时收到了一些有规律的脉冲信号,其稳定的周期使人们误以为这是来自外星人的信号。后来人们确认这是一类新的天体,并把它命名为"脉冲星"。

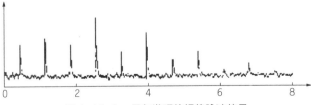

图1-15-1　贝尔发现的规律脉冲信号

后来证实这是一种星体,因为这种星体不断地周期性地发出电磁脉冲信号,人们就把它命名为"脉冲星"。

图 1-15-2　通过射电望远镜可以发现外太空的脉冲信号

这脉冲星到底是什么星体呢?

2. 灯塔模型

　　脉冲的形成是由于脉冲星的高速自转及脉冲星的辐射来自脉冲星的磁极,就像我们乘坐轮船在海里航行看到过的灯塔一样。一座灯塔总是亮着且在不停地有规则运动,灯塔每转一圈,由它窗口射出的灯光就射到我们的船上一次。灯塔不断旋转,在我们看来,灯塔的光就连续地一明一灭。脉冲星也是一样,当它每自转一周,我们就接收到一次从磁极辐射出的电磁波,于是就形成一断一续的脉冲,我们称之为"灯塔模型"。

天文学家们经过努力研究,认为脉冲星是中子星。而中子星是大质量的恒星演化到晚期经过超新星爆炸后形成的致密星体。

哦!那中子星是如何发射脉冲的呢?

中子星具有很强的磁场,科学家们认为中子星的辐射是来自中子星的两个磁极。因为磁极与中子星的自转轴之间有一个交角,所以中子星旋转时,磁极发出的辐射如果扫过地球,我们就能看到脉冲。这和灯塔的光束一样,我们称为"灯塔模型"。

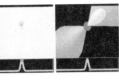

图 1-15-3 脉冲星与脉冲信号的波形图

那脉冲星的研究有什么重大意义吗?

这当然了。脉冲星是星体塌缩产生超新星爆发后遗留下的产物,它们有助于我们了解星体塌缩时发生了什么情况。另外,通过对脉冲星周期的研究,有助于我们理解脉冲星的内部结构及其辐射能量的方式等。总之,脉冲星的研究给我们提供了很多的天文和物理信息,所以很有意义。

脉冲星的发现,被称为 20 世纪 60 年代的四大天文学重要发现之一。现在距首次发现脉冲星已经近 50 年。这半个世纪对脉冲星的研究一直在继续,有许多惊人的发现。人们先后发现了脉冲双星系统、毫秒脉冲星、脉冲星的行星系统、双脉冲星系统等。脉冲星及脉冲双星的发现均获得了诺贝尔物理学奖。从脉冲星的研究历史看出,至脉冲星首次发现开始,几乎每隔十年都有一次重大的发现。现在距离第一个双脉冲星的发现已经又过去十年了,会不会有另一个重大发现的出现呢?如脉冲星与黑洞组成的系统?我们拭目以待。

3.脉冲星大事记

1967 年,发现第 1 颗脉冲星;1974 年,发现第 1 颗脉冲双星;1982 年,发现第 1 颗毫秒脉冲星;1992 年,发现第 1 颗带有行星系统的脉冲星;2003 年,发现第 1 颗双脉冲星系统。

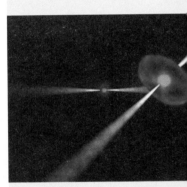

图 1-15-4 2003 年科学家发现了首个双脉冲星

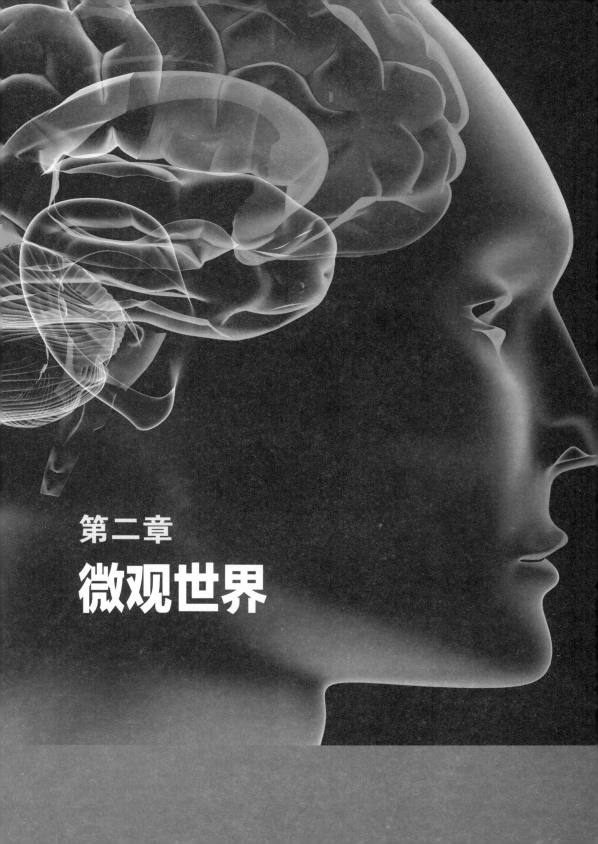

第二章

微观世界

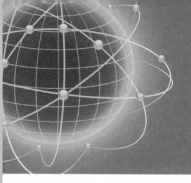

第一节
纷纷扰扰的物质构成论
——原子说

伯文爷,大海是由无数的水滴汇聚在一起形成的,那水滴又是由什么东西构成的呢?

1. 物质的构成

物质是由分子或原子组成的。其中,分子又是由原子构成的。

这个问题要从原子开始说起了。世界上的物质是由分子或原子组成的。有的分子由单个原子组成,叫做"单原子分子";绝大多数分子由多个原子组成,叫做"多原子分子"。水分子是多原子分子,它是由两个氢原子和一个氧原子组成的,但原子和分子不能用肉眼观察到。

那既然不能被眼睛观察到,科学家们是怎么发现原子和分子的呢?

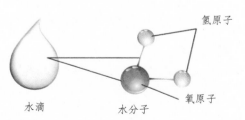

水滴　　　水分子

氢原子
氧原子

图 2-1-1　水分子结构图

原子的发现其实经历了一个很漫长的过程。早在 2 500 年以前人们就已经在思考水是否能无限分割下去这类问题了。有以元素为基本单位的"元素说",比如古希腊人认为宇宙万物由水、火、土、气组成;也有以原子为基本单位的"原子论",支持这一论点的科学哲学家认为物质都应该由更微小的、性质稳定的粒子组成,比如由古希腊哲学家留基伯(Leucipps, 公元前 500 ~ 440 年)最早提出了较为系统的"原子论",该理论后来由德谟克利特(Democrite, 约公元前 460 ~ 370 或 356 年)将其发展完善。他们认为物质是由不可再分割的原子组成的,而且各种原子的本质没有区别,只是形状和大小不同。

图 2-1-2 元素说 图 2-1-3 原子论

2. "原子论"和"元素说"

"原子论"的基本概念是物质都由更微小且不可再分割的粒子组成。

"元素说"是以元素水、气、土、火作为物质基本单位的学说。

3. 原子的发现

道尔顿利用气体实验发现了原子,首次通过实验验证了前人仅靠猜测得来的"原子论"。

我们现在知道原子也有很多种类,有氢原子、碳原子、氧原子……在那时"原子论"应该比"元素说"更被人们认同吧?

由于当时的学说只是古希腊哲学家们的猜测,未用事实去证明哪一个观点是正确的,直到 16 世纪,才开始有科学家通过实验的方式去尝试证明"原子论"或"元素说"的正确与否。到 19 世纪初,才有英国科学家道尔顿证明了原子的存在。他对古希腊人提出的原子论做了修正,认为原子除了不可再分割以外,不同的原子质量和性质都不同。但需要指出的是,他的理论也有不完善的地方,以今天的科学技术来说,原子是可以分割的。可以说,是道尔顿首次把前人完全靠猜测得来的原子概念变成一种具有一定质量的、可以由实验来测定的物质实体。

第二节
第一个微观粒子的发现
——电子

本节内容 ▶

① 电子的发现
② 电子与电流

伯文爷,我们家里灯泡通了电会发亮,而天上打雷会出现闪电,这两种现象里的"电"是同一种物质吗?

图 2-2-1　富兰克林著名风筝实验

你这个问题其实早在 200 多年前,就有一个名叫富兰克林的科学家研究过了。富兰克林提出,若利用风筝和铜钥匙将天上的雷电引到了地上,就可以证明雷电与灯泡中通的电在本质上是相同的。

那到底灯泡和闪电中的"电"是什么东西呢？

1. 电子的发现

1897 年英国物理科学家汤姆逊在阴极射线实验中发现了电子的存在。

不同现象中的电从微观的角度上来说，都是由一种名叫"电子"的粒子参与作用产生的，电子很小，无法用肉眼观察到。

2. 电子与电流

电子的发现，帮助人类更加了解电的本质，即电流是电子运动产生的。

电子无法用肉眼观察到，人们又是如何发现它的呢？

最早发现电子的是英国物理科学家汤姆逊。1897 年，他利用一种名叫阴极射线管的装置发现了电子。这种装置中可以发出阴极射线，汤姆逊发现在一定条件下阴极射线会发生偏转，并且使用不同材料来制作阴极射线管，发出的阴极射线都会发生偏转。这就说明来源于不同物质的阴极射线粒子都是一样的，由此得出阴极射线是由带负电的基本粒子组成，而这种粒子就是"电子"。汤姆逊正因为其对电子研究的重要贡献获得了 1906 年的诺贝尔物理学奖。

图 2-2-2　阴极射线管与阴极射线的偏转

电子的发现,还为我们了解什么是电流提供了解释,灯泡中的电流就是由电子的运动而产生的。当今电子科学技术也因此而得到飞速发展,现代社会人类的生活已离不开电。

第三节
给原子开个窗户
——原子的构成

本节内容 ▶

① 原子核式结构模型
② 原子核的结构

伯文爷,我们知道了水是由水分子组成的,而水分子是由原子构成,那么原子还可以再被分割吗?

1. 原子核式结构模型

原子的中心叫原子核,带负电的电子在不同的轨道上绕着原子核运动,就如同地球绕着太阳运动一样。原子核只占据很小的体积,但其密度很大,几乎集中了原子的全部质量。

在汤姆逊发现电子以后,人们就意识到原子是由电子和其他粒子组成的。1909年,卢瑟福在成功进行了 α 粒子散射试验后,提出了"原子核式结构模型"。

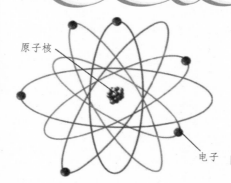

原子核

电子

图2-3-1 原子核式结构模型

相对原子的体积来说,原子核只占据很小的体积,但其密度很大,几乎集中了原子的全部质量。从大小上看,如果把足球场比作原子核的话,在足球场中间的一只蚂蚁就好比原子核。

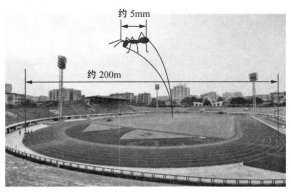

图 2-3-2　原子与原子核的相对大小示意图

那么原子核还可以被分割吗?

原子核是由质子和中子组成的。1918 年,物理科学家卢瑟福在发现原子核式结构的同时,就察觉到了质子的存在,而中子的发现是在 1932 年,查德威克在用 α 粒子轰击铍的实验中发现的。

2. 原子核的结构

原子核可以释放出质子和中子,质子带正电荷,中子不带电。

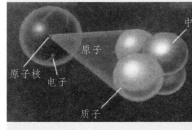

图 2-3-3　原子核结构示意图

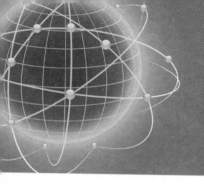

第四节
古人吃水稻还是玉米？
——同位素

伯文爷，历史学家从古书上了解到古人也喝酒吃肉，那更古老的祖先没有留下文字记录，我们还能知道他们吃的什么吗？

1. 同位素

具有相同质子数而中子数在元素周期表中处于同一位置的原子，互称为"同位素"。例如，氢有三种同位素，分别称为"氕"、"氘"、"氚"。

其实，科学家早就通过研究一种叫"同位素"的物质了解到几千年前祖先的饮食结构了。我们知道原子核是由质子和中子组成，我们把具有相同质子数、不同中子数的原子互称为"同位素"。

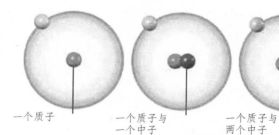

一个质子　　一个质子与一个中子　　一个质子与两个中子

图 2-4-1　氕、氘、氚互为氢的同位素

呵呵！这就好像氢原子是一个多胞胎之家啊！那除了氢原子，别的原子也有同位素吗？

是的。例如碳元素同样也是一个"多胞胎家庭",并且自然界的植物都含有碳元素。不同的碳同位素"居住"在不同的植物中。例如,人类栽培的水稻、小麦等植物就含有碳 13(^{13}C);而玉米、高粱、小米等含有碳的同位素碳 14(^{14}C)。

几千年前古人吃的食物早就不见了,我们怎么知道他们吃了什么呢?

虽然食物不在了,但食物中含有的元素会被人体吸收,并在人类的骨头中保存下来,我们称之为"稳定同位素"。例如,要了解古人以玉米还是水稻为食,只要通过分析古人的骨头中主要含有碳 13 还是碳 14,就能推测出来了。利用类似的方法,就可以了解古人的饮食结构是什么样的了。就好像同位素让人骨告诉我们古人吃了什么一样。

同位素在我国农业、医学、环境学、海洋学、石油、化工、冶金等方面都有着日益广泛的应用。例如,我们用氧的同位素分别对水和空气中的氧元素进行标记,通过观察植物吸收氧元素后氧同位素的移动,从而了解植物是如何进行光合作用的。

2. 稳定同位素与放射性同位素

某元素中质子数、中子数及核外电子数不发生或极不易发生改变的同位素被称为"稳定同位素";而容易发生改变的则为"放射性同位素"。

图 2-4-2 会说话的"人骨"

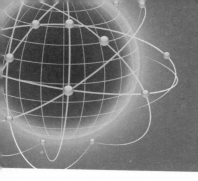

第五节
看不见的燃烧
——核裂变

南南,你听说过看不见的燃烧吗? 这种奇异的燃烧我们看不见,却能释放出大量的能量。

哇! 看不见的燃烧,那燃料一定很特别吧?

1. 核裂变

质量较重的原子核分裂成中等质量的核、释放出能量的核反应称为"核裂变"。

其实这种燃料你早就学过了,就是我们前面聊过的原子核。科学家发现,一个较重的原子核若经中子撞击后,会分裂成为两个较轻的原子,同时释放出大量的能量及数个中子,这就好像外来中子将原子点燃了一般,科学家称之为"核裂变"。

伯文爷,原子核这么小,放出的能量能大到哪儿去呀?

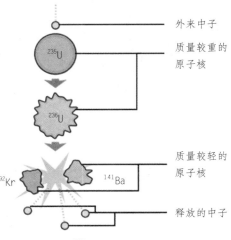

外来中子

质量较重的
原子核

质量较轻的
原子核

释放的中子

图 2-5-1 ^{235}U 原子核的一种核裂变过程

图 2-5-2 中国第一座大型商用核电站——大亚湾核电站

　　司司这可就讲错了哦！原子核释放的中子会去撞击更多的重质量原子核,而新的原子核又会释放出更多的中子和轻质量原子核,从而不断循环下去,产生链式反应。因此,只需两颗花生米重量的重质量原子核（铀 -235）,在完全发生核裂变后放出的能量就相当于燃烧 2.5t 煤所产生的能量。

　　人类利用核裂变放出的巨大能量,建造了核电站用于发电,原子弹也是应用核裂变的原理发明出来的。但核电站通过控制链式反应的速度来利用核裂变发电,而原子弹的核裂变反应是不可控制的。

光是可以分割的吗？
——光子

本节内容

① 光压实验
② 光的波粒二象性

> 伯文爷，生活中我们随处都可以见到光，但只能看不能摸，这光到底是什么呢？

早在古代，人类对实物和光就有了一定的认识。随着近代自然科学的建立，实物和光在物理学和化学中被系统地加以研究。到了 19 世纪，光一度被认为仅仅是一种能量形式，而不是实在的物体，两者之间既没有任何统一，也根本不容许它们相互转化。直到 19 世纪末，俄国物理学家列别捷夫做了这样一个实验：在黑暗的真空中，把一个带有叶片的很轻的可动的构件套到细轴上，然后使强光束通过玻璃小窗照到叶片上，结果叶轮发生转动。这说明光确实具有压力，具有物质性。

1. 光压实验

在黑暗的真空中，利用精巧的实验装置，将一束光照射到很轻的叶片上，叶片发生了微小转动，说明光具有压力，这就是著名的"光压实验"。

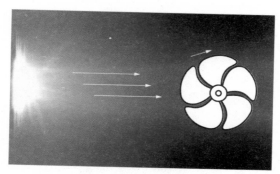

图2-6-1　光照射到叶片上，叶片发生微小偏转

那光是不是也可以像实实在在的物体一样被分割呢?

2. 光的波粒二象性

当光像声波、水波一样传播的时候,它表现出波动性;而光在发射和吸收时,光又以粒子的形式出现。我们把光的这种特性称为"光的波粒二象性"。

20世纪初,物理学家爱因斯坦利用理论证明解释了光的物质性:光是由光量子组成的,光量子也简称为"光子",并且光像实物一样也具有质量,只是在静止的时候质量为零。这就如同光带了一张双面具,具有"波粒二象性"。

图2-6-2 光具有两面性

光子的发现促进了科学技术的发展,例如,利用光子的特性,科学家制造了光电倍增管,这是一种将微弱光信号转换成电信号的电子器件,它可以精确测量天体的光度,为我们了解外太空提供有力帮助。

再如,20世纪光学最重要的技术发现之一——激光,它的亮度约为太阳光的100亿倍。1960年激光被首次成功制造,经过30多年的发展,激光现在几乎是无处不在,被运用在生活、科研的方方面面,如激光针灸、激光切割、激光唱片、激光手术刀、激光炸弹、激光炮……在不久的将来,激光肯定会有更广泛的应用。

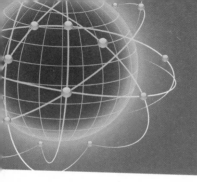

第七节

光与电的双人舞
——光电效应

本节内容 ▶

① 光电效应
② 胶片发声原理

> 伯文爷,我知道电影院放电影的时候只需要一卷胶片就可以将声音和画面都放出来,这是怎么做到的啊?

1. 光电效应

在光的照射下,某些物质内部的电子会被光子激发出来而形成电流的现象,叫做"光电效应"。

当光子击中在原子内振动着的电子时,就将能量转移给电子,电子就会从光波中吸收能量直至它被释放出来。

> 这个问题实际上又和光有关了。早在19世纪末的时候,物理学家就发现,在光的照射下,金属表面会发射出电子,若在金属的两端接上电路,电路中就会有电流产生。这种光能转化成电能的现象,叫做"光电效应"。

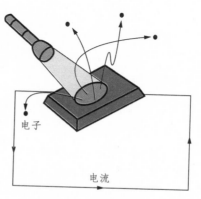

电子

电流

图 2-7-1 光电效应

那这和我们的电影胶片发出声音有什么关系呢?

当然有关系啦!利用光电效应,我们可以将光信号转化成电信号,而电信号也可以转化成光信号。比如电影摄制完成之后,对胶片进行录音。录音时通过专门的设备使声音的变化转变成光的变化,使胶片上形成宽窄变化的暗条纹,从而把声音的"像"摄制在胶片的边缘上,这就是影片边上的声道。放映电影时,利用光电管、放大器等特殊元件把"声音的照片"还原成声音。

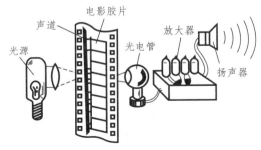

图2-7-2 电影胶片的发声原理图

2. 胶片发声原理

观察一条电影胶卷,会看到胶片边缘有一条明暗相间的带,叫做"音轨",是记录声音的地方。

放电影时,音轨随着影片移动,由于音轨的透明程度不同,透过的光的强度会随之变化,于是负责将光信号转化为电信号的光电管里就得到强度变化的电流。这变化的电流经过放大器放大,在扬声器里就转换成为声音。

哇,光电转换实在是太神奇了!那光是如何让金属表面发出电子的呢?

前面我们聊过,光可以被看做一份份的光子,当光子遇到金属表面的电子时,就将自己的能量传递给电子,电子有了能量,就"逃离"出金属表面了。

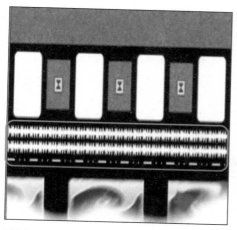

图2-7-3　电影胶片边缘明暗相间的声音密码

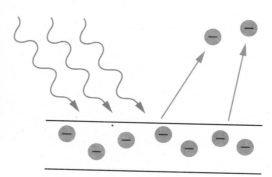

图2-7-4　光子与电子的能量交换

　　人类的生活中已离不开光电效应，像我们日常用的照相机、摄像头，光照在照相机或摄像头的元件上，在每个像素上产生的光的强弱不一样，激发电子的多少也不一样，从而将强弱不同的光信号转化为我们的电子图像。

　　再如工业上，为保证安全，可以在工厂中的机床上安装对光有感应的电子器件，当工人不慎将手伸入危险部位时，由于遮住了光线，电子器件就立即动作，使机床停下来，避免事故的发生。这类电子器件我们叫它"光控继电器"。

第八节
世界上最小的物质
——微观粒子

本节内容　▶

① 夸克
② 粒子的探索

　　伯文爷，到底世界上最小的物质是什么呢？

人类发现世界最小物质的过程是一个不断探索和修正的过程。19世纪初道尔顿发现了原子,在当时人们就认为原子是不可再分割的最小物质了;到了19世纪末,汤姆逊和他的徒弟卢瑟福对电子与质子的发现又证明原子不是物质的最小粒子;20世纪初,科学家发现了原子核是由质子和中子组成的,这次科学家们又认为发现了最小粒子。可到20世纪60年代,人们使用大型粒子加速器使质子和中子也发生了分裂,又发现了比中子和质子更小的物质——夸克。

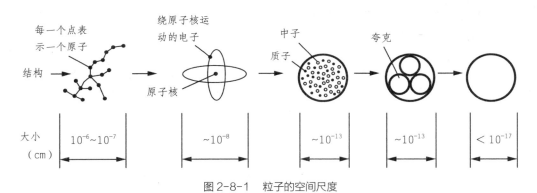

图2-8-1 粒子的空间尺度

那还有比"夸克"更小的粒子吗?

1. 夸克

"夸克"是人类现在已知的最小物质,质子由夸克构成。

"夸克"是人类现在已知的最小物质了,若要将夸克比作一个乒乓球,那么原子就像地球这么大!

2.粒子的探索

人类已发现的粒子可以分为以下四类：

（1）光子,质量为零；

（2）轻子,质量比较小；

（3）介子,质量介于轻子和质子之间；

（4）重子,质量等于或大于质子的质量。

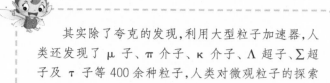

其实除了夸克的发现,利用大型粒子加速器,人类还发现了 μ 子、π 介子、κ 介子、Λ 超子、Σ 超子及 τ 子等400余种粒子,人类对微观粒子的探索还在不断进行中。

伯文爷,那"夸克"是否还可以再被分割呢？

有人认为"夸克"还可以再被分割,但就目前的科学技术来看,还没有一个确定的答案,但人类对自然界的认识永无止境,探索永不停止,微观世界的神秘面纱还有待你们去进一步揭开呢！

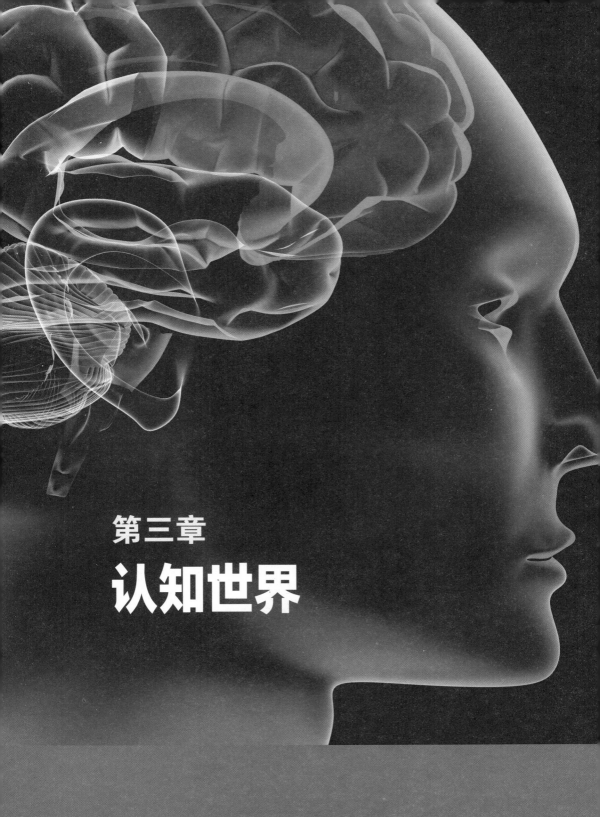

第三章

认知世界

第一节
微观和宏观世界的模拟器
——超级计算机

本节内容 ▶

① 超级计算机
② 超级计算机的运用

1.超级计算机

超级计算机也称"巨型计算机"；通常是指由数百数千甚至更多的处理器(机)组成的超大型计算机。具有很强的计算和处理数据的能力，主要特点表现为高速度和大容量，配有多种外部和外围设备以及丰富的、高功能的软件系统。

伯文爷，我在网络上看到报告说科学家已经找到避免小行星撞击地球造成巨大灾难的办法了。据说是因为物理学家估算出了核爆炸给太空岩石造成的破坏力，从而可以在小行星撞到地球前炸毁它。科学家是使用计算机估算出来的吗？

嗯！准确说应该是利用超级计算机估算出来的，一般计算机没有那么大的运算量。超级计算机通常是指由数百数千甚至更多的处理器组成的计算机，能计算普通 PC 机和服务器不能完成的大型复杂课题。如果我们把普通计算机的运算速度比做成人的走路速度，那么超级计算机的运算速度就达到了火箭的速度。

那超级计算机的运算速度到底有多大呢？

图 3-1-1　中国超级计算机"天河一号"

2. 超级计算机的运用

　　超级计算机主要用来承担重大的科学研究、国防尖端技术和国民经济领域的大型计算课题及数据处理任务。如大范围天气预报,整理卫星照片,原子核的探索,研究洲际导弹、宇宙飞船等,还可以通过数值模拟来预测和解释以前无法实验的自然现象。

　　新一代的超级计算机采用涡轮式设计,每个刀片就是一个服务器,能实现协同工作。单个机柜的运算能力可达 460.8 千亿次 / 秒。

　　那世界上运算速度最快的超级计算机在哪个国家呢?

　　据 2013 年 6 月 17 日国际 TOP500 组织公布的最新全球超级计算机 500 强排行榜榜单,中国国防科技技术大学研制的"天河二号"以每秒 33.86 千万亿次的浮点运算速度,成为全球最快的超级计算机。此次是继"天河一号"之后,中国超级计算机再次夺冠。

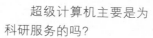

超级计算机主要是为科研服务的吗?

不仅如此!现在超级计算机越来越多地应用在工业、科研和学术等领域,这也是一个国家科研实力的体现,它对国家安全、经济和社会发展具有举足轻重的作用。

那目前我们可以利用超级计算机做些什么呢?

超级计算机有着超强的运算速度,人们可以通过数值模拟来预测和解释以前无法实验的自然现象,模拟微观和宏观世界。如超级计算机可以模拟药物如何对抗甲流病毒;可以模拟时空如何让在相互碰撞的黑洞周围发生扭曲,让我们可以进一步发现这个世界的秘密;还可以借助超级计算机模拟复杂的气流、洋流的变化,有助于我们预测天气走向,从而避免或减小气象灾害给人类带来的破坏。超级计算机可以计算各种地层应力变化,模拟地壳运动,这将帮助人们探索地震预测方法,从而减轻与地震相关的灾害风险。利用超级计算机还可以模拟天体物理学的基础,对天体的演变进行建模和理论试验,等等。这些都是一般的计算机难以实现的。

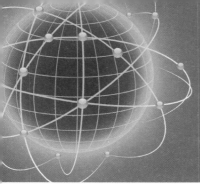

人类看见过基本粒子吗?
——基本粒子的观测手段

伯文爷,我知道原子可以分割成原子核和电子,原子核还可以分割成为质子和中子,这些微粒我们都不能通过一般显微镜看到,那科学家是怎么观测到的呢?

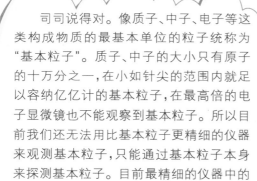

司司说得对。像质子、中子、电子等这类构成物质的最基本单位的粒子统称为"基本粒子"。质子、中子的大小只有原子的十万分之一,在小如针尖的范围内就足以容纳亿亿计的基本粒子,在最高倍的电子显微镜也不能观察到基本粒子。所以目前我们还无法用比基本粒子更精细的仪器来观测基本粒子,只能通过基本粒子本身来探测基本粒子。目前最精细的仪器中的主要工具就是基本粒子中的光子和电子。

咦? 那具体有什么仪器可以用来计算一个针尖大小范围内到底有多少基本粒子呢?

本节内容 ▶

① 基本粒子
② 盖革-穆勒计数器
③ 威尔逊云室

1. 基本粒子

构成物质的最基本单位的粒子统称为"基本粒子"。

2. 盖革-穆勒计数器

盖革-穆勒计数器是利用基本粒子与介质中的电子和原子核的电磁相互作用,将电能转换成声能计数的计数器,是1928年盖革和他的学生沃尔特·穆勒通过改进盖革计数器而来的。

3. 威尔逊云室

　　威尔逊云室是英国物理学家威尔逊在 1911 年发明的,是利用在过饱和的水蒸气中产生离子,以致水蒸气的水分子可以以这些离子为核心而形成水滴的原理制成的核辐射探测器。如果有带电粒子通过云室,就会在它的路径上产生离子,从而产生水滴,留下可观察痕迹,捕捉到基本粒子的状态。

　　基本粒子最常见的计数工具有盖革-穆勒计数器、正比计数器、闪烁计数器等,这类计数器是利用基本粒子与介质中的电子和原子核的电磁相互作用,将电能转换成声能,我们就可以听其声而计其数。但是这种计数器往往只能观测事件的发生而不能记录事件的过程。

　　那还有什么观测手段能让我们看清楚基本粒子的运动情况呢?

　　基本粒子的观测手段最常用的有威尔逊云室、气泡室、火花室等。

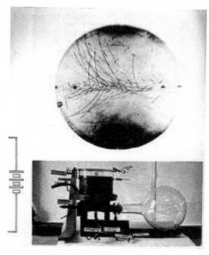

图 3-2-1　威尔逊云室

气泡室是1952年美国人D·A·格拉泽发明的,它是探测高能带电粒子径迹的一种有效手段,曾在20世纪50年代后一度成为高能物理实验最风行的探测设备,为高能物理学创造了许多重大发现的机会。气泡室是由密闭容器组成,容器中盛有过热液体,如果有高速带电粒子通过液体,便会电离,并以这些离子为核心形成胚胎气泡,胚胎气泡不断变大,就沿粒子所经路径留下痕迹。气泡室的原理是基于威尔逊云室的原理发展的,可以看成是膨胀云室的逆过程,但更简便、快捷。

基本粒子观测工具的创制和改进往往可以促进科学研究的重大发展,常常也是科学发展史上的重要标志。这些科学家们也因他们的付出得到了相应的荣誉。英国物理学家威尔逊因发明云室而获得1927年诺贝尔物理奖,美国物理学家格拉泽因发明了气泡室而获得了1960年诺贝尔物理学奖。

第三节
给原子们移个位置吧!
——扫描隧道显微镜

伯文爷,肉眼观察不到的原子可以通过科学仪器观察到,那我们可不可以通过仪器来移动一下原子的位置呢?

本节内容 ▶

① 扫描隧道显微镜
② 扫描隧道显微镜的应用

1. 扫描隧道显微镜

扫描隧道显微镜（Scanning Tunneling Microscope, 缩写为 STM），也称为"扫描穿隧式显微镜"，是一种利用量子理论中的隧道效应探测物质表面结构的仪器，是 1981 年由格尔德·宾宁及海因里希·罗雷尔在 IBM 位于瑞士苏黎世的苏黎世实验室发明的。两位发明者因此与恩斯特·鲁斯卡分享了 1986 年诺贝尔物理学奖。

呵呵，你这个想法不是不可能哦！其实早在 1981 年美国 IBM 公司就发明了扫描隧道显微镜。扫描隧道显微镜可以让科学家观察和定位单个原子，它不仅具有极高的分辨率，还可以在低温下（4K）利用探针尖端精确操纵原子，因此，它既是纳米科技中重要的测量工具，又是加工工具。

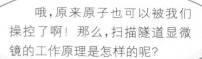

哦，原来原子也可以被我们操控了啊！那么，扫描隧道显微镜的工作原理是怎样的呢？

扫描隧道显微镜虽然有极高的分辨率，并能对原子级的微粒进行操纵，但其操作原理是非常简单的，就如同一根唱针扫过一张唱片，一根探针慢慢地通过要被分析的材料（针尖极为尖锐，仅仅由一个原子组成）。一个小小的电荷被放置在探针上，一股电流从探针流出，通过整个材料，到底层表面。当探针通过单个原子时，流过探针的电流便有所不同，这些变化会被记录下来。电流在流过一个原子的时候有涨有落，如此便极其细致地探出原子的轮廓。

图 3-3-1　扫描隧道显微镜

探针针尖就由 1 个原子组成,真够迷你的! 那扫描隧道显微镜具体有些什么作用呢?

司司、南南,你们知道吗? 扫描隧道显微镜的应用是非常广泛的。

一是扫描。扫描隧道显微镜可以对物体进行扫描,生成纳米(nm)级($1nm=10^{-9}m$)的图像,从而进行科学观测。

二是探伤及修补。扫描隧道显微镜在对物体表面进行处理时可实时对表面形貌进行成像,用来发现表面各种结构上的缺陷和损伤,并能对这些缺陷和损伤进行修复。

三是引发化学变化。扫描隧道显微镜在对微粒进行操作时,可以在毫米(mm)级($1mm=10^{-3}m$)的尺度上引起化学键的断裂,从而引发化学变化,改变物质的性质。

四是移动、刻写样品。扫描隧道显微镜可以对金属颗粒、原子团及单个原子进行操作,使它们从表面某一处移向另一处。同时扫描隧道显微镜还可以利用其针尖在物体表面进行刻写且不损伤物体,并能对物体表面原子进行成像,以实时检验刻写结果的好坏。

2. 扫描隧道显微镜的应用

扫描隧道显微镜的应用非常广泛,主要在扫描、探伤及修补、引发化学变化和移动原子、刻写样品几个方面。

图 3-3-2 用扫描隧道显微镜扫描的纳米级图像

图 3-3-3 扫描隧道显微镜下拍摄的"血细胞"

自扫描隧道显微镜发明以后,世界上便诞生了一门前沿应用科学——纳米科技,它是现代科学和现代技术综合的产物。利用纳米技术可操作细到 0.1 ～ 100nm 物件的技术。纳米电子学将使量子器件代替微电子器件,现有的硅质芯片将被体积缩小数百倍的纳米管元件代替,巨型计算机将能随手放入口袋,美国国会图书馆的全部信息将被压缩到一个糖块大小的设备中。

第四节
谁能把粒子撕成碎片?
——粒子对撞机

本节内容

① 粒子加速器
② 粒子对撞机
③ 强子

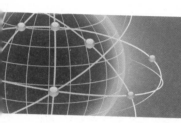

伯文爷,我知道通过威尔逊云室等仪器可观测到物质是由基本粒子组成的,那我们又怎么来研究基本粒子内部的构造及其性质呢?

1. 粒子加速器

"粒子加速器"是一种用人工方法产生快速带电粒子束的装置。它利用一定形态的电磁场将电子、质子或重离子等带电粒子加速,能提供速度甚至接近光速的各种高能量的带电粒子束,是人们改变原子核和基本粒子、认识物质深层结构的重要工具。

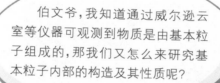

这些粒子能像核桃一样被打碎吗?去掉粒子的外壳就可以研究内部结构了嘛!

是的。有一种仪器可以使粒子相撞,将粒子撕碎,然后研究其内部的构造,进而研究其性质。这种仪器,我们称之为"粒子对撞机",人们也形象地称其为"原子粉碎机"。

哇！粒子对撞机居然能把粒子撕碎,哪里来的那么大的能量呢?

粒子对撞机可以积累并加速由前级加速器注入的两束粒子流。当粒子流达到一定的速度时两束电子流在相向运动状态下进行对撞,产生极高的能量,使粒子被撕裂成碎片,科学家便对这些粒子碎片进行测量、研究。

2. 粒子对撞机

粒子对撞机是在高能同步加速器基础上发展起来的一种装置,主要作用是积累并加速相继由前级加速器注入的两束粒子流,到一定强度及能量时使其进行对撞,以产生足够高的反应能量。

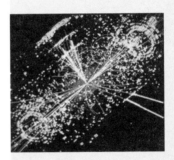

图 3-4-1 粒子对撞机里面的粒子

图 3-4-2 大型强子对撞机

目前世界上最大的粒子对撞机是位于瑞士和法国边境地区的欧洲核子研究中心的大型强子对撞机。这台粒子对撞机重达 50 000t,有 27km 长,深埋于地下 100m 处。对撞机从 2003 年开始建造,参与该项目的有来自 80 多个国家和地区的 2 000 多名科学家和工程师。

3. 强子

"强子"是一种亚原子粒子,所有受到强相互作用影响的亚原子粒子都是强子。原子核内的粒子,如质子、中子都是强子。大型强子对撞机中的强子指的是质子。

哇,真是超级粒子对撞机啊！伯文爷,粒子对撞机有不同的种类吗？

粒子对撞机根据所对撞的粒子不同而分为不同种类,有强子对撞机、正负电子直线对撞机、光子对撞机等。大型强子对撞机(简称LHC)是使两束强子流在高度真空并接近绝对零度的封闭隧道中,按相对方向一圈圈地被加速飞奔,直到达到光速的 99.99%,然后让它们猛烈地撞到一起,释放出能量,科学家也得到粒子碎片进行研究。

大型强子对撞机肩负着诸多科学任务,包括物体的质量是从哪里来的？约占宇宙 95.4% 的暗物质和暗能量是由什么构成的？宇宙大爆炸发生后,原始宇宙形态是什么样的？是否存在四维空间以外的其他维度？等等。

大型强子对撞机能够模拟宇宙大爆炸,能够再现宇宙大爆炸之后的物质条件和能量水平。欧洲核子研究中心说,他们建造大型强子对撞机,是要探索宇宙本质和物质本源。小到微观粒子——探索宇宙本源,大到宇宙现象——探索宇宙本质,都包容在这一台对撞机的实验中。

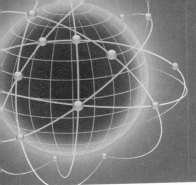

伯文爷,我前几天在网上看到有一种望远镜是建立在地下的,怎么这么奇怪呢?

你说的应该是观测中微子的望远镜。通常来说,天文望远镜包括地面观测和太空观测两种。分布在世界各地的天文台都设有地面观测望远镜,而哈勃望远镜等则属于太空望远镜,这些望远镜无一例外地面向外太空,凝望着深邃的宇宙。但是,中微子观测站中的望远镜则是被深深埋在地下的,它们的"眼睛"不是面向外太空,而是朝向没有一丝光线的地球的中心。不过它们不是在观察地球的中心,而是透过地球致密的躯体,捕捉宇宙中的中微子信息。

中微子观测望远镜也是观测宇宙中的中微子,那为什么要把观测站埋在地底下呢?

1. 中微子

中微子是组成自然界的最基本的粒子之一,中微子不带电,质量非常轻(小于电子的百万分之一),几乎不与其他物质作用,在自然界广泛存在,且极具穿透力,每秒通过我们身体的中微子数以亿计,但是不易被察觉,也难以捕捉到。

2. 中微子观测站

由于中微子不带电荷、微小、质量非常轻、穿透力极强、不易与其他物质相互作用等特点,中微子观测站均建立在地下,通过观测站中的观测仪捕捉透过地球的中微子信号。

3. 世界上最大的中微子观测站——冰立方

"冰立方"中微子观测站是一个国际合作项目,由美国威斯康星大学麦迪逊分校领导,比利时、德国、荷兰、日本、英国、新西兰和瑞典等国的40多个学术机构共同参与,于2010年12月建成,是目前世界上最大的中微子探测器,对于探索宇宙和天体的起源、演化等有着极其不寻常的意义。

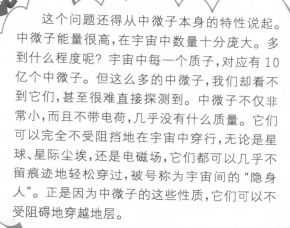

这个问题还得从中微子本身的特性说起。中微子能量很高,在宇宙中数量十分庞大。多到什么程度呢?宇宙中每一个质子,对应有10亿个中微子。但这么多的中微子,我们却看不到它们,甚至很难直接探测到。中微子不仅非常小,而且不带电荷,几乎没有什么质量。它们可以完全不受阻挡地在宇宙中穿行,无论是星球、星际尘埃,还是电磁场,它们都可以几乎不留痕迹地轻松穿过,被号称为宇宙间的"隐身人"。正是因为中微子的这些性质,它们可以不受阻碍地穿越地层。

威斯康星大学物理学家弗郎西斯·哈尔森(Francis Halzen)说:"每秒有10亿个中微子穿过我们的身体。"但是我们却觉察不到。一方面因为中微子很少与物质发生作用,在100亿个中微子中只有1个会与物质发生反应,难以捕捉;另一方面,宇宙中由质子、中子等构成的"可见"物质干扰了我们对中微子的观测。这就是为什么中微子观测站往往埋在地下,为的就是过滤"可见"物质的干扰。从某种程度上说,对"可见"物质看得越清楚,就越难看到中微子。

图 3-5-1 "冰立方"在冰中架设光学传感器

我听说目前世界上最大的中微子天文望远镜建立在南极的一块巨大的冰层中。伯文爷,您能给我们介绍下这台这么能抗寒的望远镜么?

嗯！2010年12月18日,历时10年,耗资2.71亿美元的"冰立方"中微子探测器,在寒冷而神秘的南极宣告建成。它位于南极地下约2 500米深处,体积达1立方千米(10^9m^3),超过纽约帝国大厦、芝加哥威利斯大厦和上海世界金融中心的总和。这个望远镜由5 000多个光学探测器组成,这些探测器的镜头对准下方,用来监视与众不同的蓝色光束,这些蓝色光束被称作"切伦科夫辐射",是由于中微子与冰原子相撞后产生的名叫 μ 介子的粒子发出的。这些蓝色光束意味着一个中微子已经成功从地球逃逸出来,受到了南极冰层的阻挡,并与之相撞。由于南极的冰块透明度极高,冰立方的光学感测器能发现这种蓝光,从而科学家们间接地观测到了中微子。

噢！"冰立方"中微子观测站真是太神奇了！

世界上第一个中微子探测器建于1968年,由美国物理学家雷蒙德·戴维斯等人在一个地下金矿中建造而成。目前世界上还有许多中微子观测站,但都无一例外地建立在了地下。如在加拿大安大略省苏德贝里地下2 000m深的矿层中,建造了一个充满重水的球形中微子观测设备。法国"安塔里斯"中微子望远镜则被安置在地中海深水中。这些观测站虽然设计原理不同,但都是利用地球躯体过滤干扰信号来观测中微子。

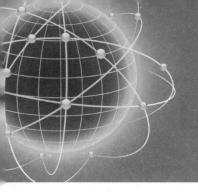

第六节
天体的"户口簿"
——光谱

伯文爷,宇宙中的天体离我们那么遥远,科学家们是怎样知道天体的内部结构的呢?

1. 光谱

光谱是指复色光经过色散系统(如棱镜、光栅)分光后,被色散开的单色光按照波长(或频率)大小而依次排列的图案。

是的。天体离我们很远,科学家们利用天文望远镜可以观测到某些天体的外在特征,但对于天体的物质结构、性质和化学组成成分的确定,还要借助天体辐射的光谱。比如,迄今为止,关于恒星最本质的知识几乎都是从光谱研究中得到的。

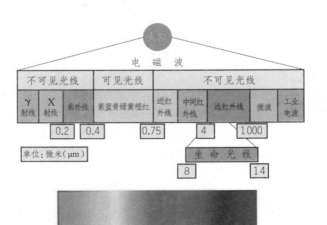

图 3-6-1　可见光光谱图

那到底什么是光谱啊？科学家获得光谱后，又是怎么来确定天体的性质的呢？

光谱是指复色光经过色散系统（如棱镜、光栅）分光后，被色散开的单色光按照波长（或频率）大小而依次排列的图案。而光波是由原子内部运动的电子受激发后由较高能级向较低能级跃迁产生的，各种物质的原子内部电子运动情况不同，所以它们发射的光波不同，研究物质的光谱便可知道物质的结构和性质。

一般说来，光谱分为三类：一类是连续光谱，它是从红光到紫光各色光连续分布的光谱，无论什么成分的物质，其连续光谱都是一样的，因此我们不能用连续光谱来确定天体的化学组成；另一类光谱是明线光谱，也叫"发射光谱"；还有一类是暗线光谱，也叫"吸收光谱"。物理学上有一个重要的定律即基尔荷夫（Kirchhoff）定律：每种元素都有自己独有的光谱，并且都能吸收它能够发射的谱线。依据这一定律，我们获得天体的光谱后，可以根据光谱中谱线的位置、相对强度或轮廓，推知天体的化学组成及元素的丰度（即元素的相对含量）。通过分析光谱，还可以推知天体的物理性质、运动状态等。例如，密近双星的两子星不能从照片上加以区分，但它们的轨道运动引起光谱位置的周期性摆动，这样我们便可将双星加以区分了。光谱就像是天体的"户口簿"一样，包含了天体化学组成、速度在内的所有物理、化学信息。

2. 摄谱仪

摄谱仪是将复合光分解为光谱，再用感光方法把光谱记录在光谱底版上的仪器。摄谱仪由准直系统、色散系统和成像系统三部分组成。

3. 天体摄谱仪

天体摄谱仪是用来获得天体光谱的仪器，是在普通摄谱仪的准直系统前安装聚光系统——天文望远镜而成的。

伯文爷，光谱这么有用，那科学家又是怎么获得天体光谱的呢？

这个问题也是科学家们特别关注的。目前天文学上已经有比较完善的理论和方法来获得光谱。在物理学上，一般用摄谱仪来获得辐射源（光源）的光谱。摄谱仪先通过准直系统的透镜把光源的光变成平行光，再通过色散系统中的三棱镜使平行光产生色散，最后由成像系统中的照相机把色散成的光谱拍摄下来。

但要拍摄天体的光谱则需要对摄谱仪进行简单的改造，在将光源转化成平行光的透镜前加装一个天文望远镜，用来获得遥远天体微弱的星光，这样的仪器叫做"天体摄谱仪"。

4. LAMOST

"LAMOST"即大天区面积多目标光纤光谱天文望远镜，是目前世界上天体光谱获取率最高的天文望远镜，坐落于我国国家天文台兴隆观测站。

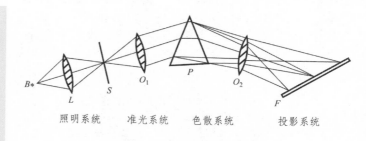

图 3-6-2　棱镜摄谱仪光路示意图

在世界各地的天文台中,分布着许多各式天体摄谱仪,这些天体摄谱仪为人们进一步认识宇宙作出了卓越的贡献。

我国有目前世界上天体光谱获取率最高的天文望远镜LAMOST(即大天区面积多目标光纤光谱天文望远镜)。LAMOST是我国重大科学工程项目,于2001年9月正式启动,2008年10月落成,位于我国国家天文台兴隆观测站。LAMOST具有"光谱之王"的美誉,它可以同时为4 000个天体进行"户口普查",获得光谱信息。

LAMOST建成后,科学家们根据它的特点设计了一系列的观测计划及三大核心任务。首先是要研究宇宙和星系,通过LAMOST的巡天,发现更多天体,获取更多星系的信息,从而用更高精度的方式来确定宇宙的组成和结构,并对暗能量和暗物质有更加深刻的认识;第二个任务是对银河系的更远处及更暗的恒星进行观测和研究;第三大任务是与其他巡天望远镜结合,进行多波段证认。

第七节
穿过大气层看宇宙
——天文望远镜

伯文爷,您前面说用天文望远镜可以观测肉眼看不见的天体?您再给我们讲讲更多关于天文望远镜的知识吧!

本节内容

① 天文望远镜
② 天文望远镜的分类
③ 光学望远镜
④ 射电望远镜
⑤ 空间望远镜
⑥ 哈勃空间望远镜

嗯!天文望远镜是观测天体的重要手段,天文望远镜的诞生,改变了人类对宇宙的认识,使人类不断揭开宇宙的神秘面纱成为了可能。

1. 天文望远镜

天文望远镜是观测天体的重要手段。一般来说，光学望远镜、射电望远镜和空间望远镜被称为天文望远镜的三个里程碑。

2. 天文望远镜的分类

按照工作范围及空间位置的不同，天文望远镜分为地面望远镜和空间望远镜。根据工作频段的不同，天文望远镜分为光学望远镜、红外望远镜、紫外望远镜、射电望远镜、X射线望远镜和 γ 射线望远镜。近年来，还出现了引力波望远镜。

3. 光学望远镜

光学望远镜用于收集可见光的望远镜，并且经由聚焦光线，可以直接放大影像、进行目视或者摄影等。

那世界上第一台天文望远镜是谁发明的呢？

早在1609年，意大利物理学家、天文学家伽利略就研制出了世界上第一架天文望远镜。他首次用望远镜观测月球，发现月球表面凹凸不平，并绘制了第一幅月面图。由此，人类开始了天文观测研究的新纪元。

伯文爷，我们可以通过天文望远镜看见远处辐射微弱光波的天体，有一些天体不辐射光波，为什么我们还能通过天文望远镜观测呢？

通常我们用光学望远镜来观察辐射光波的天体，然而天文望远镜发展到现在不仅仅只有光学望远镜，还有射电望远镜、空间望远镜、红外望远镜、X射线望远镜等，所以不辐射光波的许多天体，也能通过天文望远镜观测。

我们通常说的天文望远镜是指光学望远镜,这也是发展最早、使用最多的望远镜。光学望远镜是使用人眼可见光形成恒星或星系像的望远镜,是一种收集可见光的望远镜。光学望远镜分为折射式望远镜、反射式望远镜、施密特望远镜。

目前世界上口径最大的光学望远镜是位于太平洋夏威夷岛上的凯克望远镜,科学家们借助凯克望远镜追踪、寻找行星,一个晚上就可以观测85颗恒星。

在渺渺宇宙中,有些天体辐射的是无线电波,而非光波,对于此类天体的观测和研究就要借助射电望远镜。

无论是光学望远镜还是射电望远镜都是在地面对可见光、射电进行观测。但是地球大气对可见光和射电都有严重的吸收,随着空间技术的发展,科学家们建造了空间望远镜,在大气层外对天体进行观测。1990年,美国航天飞机将哈勃空间望远镜发射上天,成为了天文史上最重要的仪器,它填补了地面观测的缺口,帮助天文学家解决了许多根本问题。如,对宇宙的年龄有了更正确的认识,逐渐揭示了恒星的形成及死亡之谜。哈勃望远镜的最重要的成就是帮助科学家证实了黑洞的存在。

图 3-7-1 凯克望远镜

4. 射电望远镜

射电望远镜是接收和研究天体无线电波的天文望远镜。

5. 空间望远镜

空间望远镜是设置在地球大气层外进行天文观测的大望远镜。

图 3-7-3 哈勃空间望远镜

图 3-7-2 40m 射电望远镜

6.哈勃空间望远镜

哈勃空间望远镜是空间望远镜的典型代表,是迄今发射上天直径最大的望远镜,它总长 13.3m,直径 4.3m,重 11.6t,是一座完整的"太空天文台"。哈勃空间望远镜可以独立完成许多天文研究工作。

哈勃望远镜已经过第五次维护寿命延长至 2013 年后,即将完成它的使命而退役,它的继任者詹姆斯·韦伯太空望远镜将于 2013 年升空。哈勃望远镜为人类探索宇宙作出了巨大的贡献,在天文学发展的历史上将有着难以磨灭的印记。

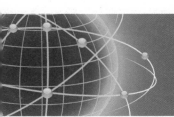

第八节
忙于穿梭的星际使者
——空间探测器

本节内容 ▶

① 空间探测器
② 空间探测器的分类

伯文爷,我们前面了解到的望远镜只能对天体进行远距离的观测,有没有什么仪器可以对天体进行近距离探测呢?

有啊!对天体进行近距离观测的仪器就是被称为"星际使者"的空间探测器。空间探测器是除卫星、宇宙飞船、航天飞机外的另一种无人航天器,它的目标是对深空中的天体,如恒星、行星、卫星、彗星等进行探测。空间探测器能对地外星球进行"贴身采访",甚至就地考察。

那空间探测器可以对任何地外星体进行探测吗?

当然不是啦!空间探测器分为很多种,按照探测的对象分为月球探测器、行星和行星际探测器、小天体探测器等。每一个空间探测器都对应着自己特定的目标天体。

爷爷,这些空间探测器要飞到那么遥远的地方,它的动力是什么呢?

空间探测器现在有三种能源形成,分别是燃料电池、太阳能和核能。外行星探测器只能使用空间核电源。因为太阳光的强度与到太阳距离的平方成反比,外行星探测器进行星际飞行时飞行器要远离太阳,日照强度的下降将造成供电系统的问题。同时外行星探测器星际旅行的时间和对天体进行探测的时间很长,一般的动力电源又没有这么长时间的工作寿命,而核电源就能克服这些问题,因为核电源突出的优点就是功率大、不受环境影响、工作寿命长等。

1. 空间探测器

空间探测器(space probe)又称"深空探测器"或"宇宙探测器",是用于探测地球以外天体和星际空间的无人航天器。空间探测器装载科学探测仪器,由运载火箭送入太空,可飞近月球或行星进行近距离观测,甚至着陆进行实地考察,或采集样品进行研究分析。

图 3-8-1 月球探测器

2. 空间探测器的分类

根据空间探测器的探测目标可以分为月球探测器、行星和行星际探测器、小天体探测器等;按能源形式可分为燃料电池探测器、太阳能探测器和核能探测器。

那地面上的科学家是怎么操控这些空间探测器的呢？

由于空间探测器要进行长期飞行,地面不能进行实时遥控,所以探测器具有自主导航能力。

1959年1月苏联发射第一颗月球探测器——月球1号,迄今全世界已经发射了100多个空间探测器了。

空间探测器先从探测地球的"卫星"月球开始,然后将目标锁定在了离地球最近的行星——金星上。1962年8月27日,第一个金星探测器"水手2号"发射成功,并对金星做了探测。随后又陆续有空间探测器对木星、土星、火星、水星、天王星、海王星以及"哈雷"彗星等星体及星际空间进行了探测。1983年"先驱者"-10空间探测器携带着访问地外文明的镀金铝牌,飞过冥王星的轨道,飞离太阳系,进入恒星级空间,成为第一个飞出太阳系的航天器。1990年欧洲空间局与美国合作完成的"尤利西斯"探测器发射成功,该探测器是第一个冲向太阳的空间探测器,它为人类认识太阳、研究太阳提供了珍贵的资料。

第九节
恒星的家族谱
——赫罗图

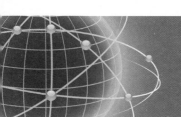

本节内容

① 赫罗图
② 恒星的光度
③ 恒星的表面温度
④ 黑体辐射

司司、南南,我们前面聊了那么多科学家认识宇宙的工具,但都是用于观测和研究宇宙空间的工具。其实除此之外,还有一些科学家做理论研究需要用到的工具,比如"赫罗图",你们听说过吗？

伯文爷,"赫罗图"是跟地图一样的东西吗?

"赫罗图"是一张工具图,是反映恒星的光谱类型和光度之间关系的图,是科学家用来研究恒星演化的重要工具。

"赫罗图"这名字是什么含义呢?

"赫罗图"是丹麦天文学家赫茨普龙及由美国天文学家罗素分别于1911年和1913年各自独立提出的,为了纪念这两位科学家的重要贡献,把这样一张图用这两位天文学家的名字来命名,称为"赫罗图"。

哦,原来如此,那这张图具体怎么用呢?

1. 赫罗图

"赫罗图"是一张以恒星的光度(绝对星等)为纵坐标,以恒星的光谱类型(恒星的表面温度)为横坐标的关系图,是研究恒星演化的重要工具。

2. 恒星的光度

恒星的光度是指恒星每秒钟辐射出的总能量。根据恒星的亮度,把恒星分为不同的星等,用星等来反应恒星的亮度,星等越低,恒星越亮。

3. 恒星的表面温度

恒星的表面温度都很高,但是不同的恒星表面温度是不一样的。根据光谱便可判断恒星的表面温度。

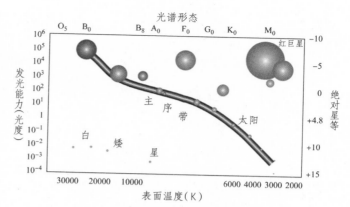

图 3-9-1　赫罗图

4. 黑体辐射

任何物体都具有不断辐射、吸收、发射电磁波的本领。辐射出去的电磁波在各个波段是不同的,也就是具有一定的谱分布。这种谱分布与物体本身的特性及其温度有关,因而被称为"热辐射"。而所谓黑体是指入射的电磁波全部吸收,既没有反射,也没有透射(当然黑体仍然要向外辐射)的理想物体;黑体辐射是指由这种理想物体在特定温度放射出来的辐射。其辐射大小与波长之间的关系成为黑体辐射定律。

赫罗图由决定恒星性质的两个参数:恒星的表面温度和恒星的光度构成。赫罗图的横坐标表示恒星的光谱型(即恒星的表面温度);纵坐标表示恒星的绝对星等,绝对星等是光度的一种量度,即纵坐标表示恒星的光度。

在赫罗图上,每个恒星都有各自的位置和序列,此后新发现的恒星也可以根据其光度和表面温度找到自己的位置。因此,赫罗图反映了恒星的演化规律,科学家们可以根据它来研究恒星的形成和演化,还可以估算恒星的体积大小呢!

赫茨普尼和罗素两位科学家利用世界各地的科学家们用观测工具得到的恒星的表面温度和光度信息,按照恒星各自的光谱型和光度在图上标出来,发现点的分布有一定的规律性。图的左上方到右下方大致沿着对角线点的分布很密集,成带状,占总数的90%,天文学家把这条带称为"主星序",带上的恒星称为"主序星"。主星序表明,大多数恒星,表面温度高,光度也大;表面温度降低,则光度随之减小。但是,在图的右上方,有一个星比较密集的区,这里的恒星光度很大,但表面温度却不高,呈红色,这表明它们的体积十分巨大,所以叫"红巨星"。图中红巨星的上面是超巨星。图的左下方也有一个恒星比较密集的区,这里的恒星表面温度很高,呈蓝白色,光度却很小,这表明它们的体积很小,所以叫"白矮星"。

看来这张图真的很有用耶! 等以后发现更多的恒星,科学家们就可以用这张图把恒星家族全部表示出来,赫罗图就成了恒星家族的族谱了!

伯文爷,你能再给我们讲讲恒星的光度和恒星的表面温度么?

好的。银河系中的恒星数量繁多,每一个恒星都有其独有的特征,光度是表现它们特征的重要物理量,指恒星每秒钟辐射出来的总能量。天文学家把光度大的恒星叫做"巨星",光度比巨星更强的叫"超巨星",光度小的称为"矮星"。

恒星都是一团炽热的火球,譬如太阳,它们的中心区域密度和温度都特别高,足以产生热核反应。恒星发射类似黑体辐射一样的光谱,不同温度的黑体,其光谱不同。因此,不同的恒星,表面温度不同,对应着的光谱也不同。科学家通过恒星的光谱便可判断出它们的表面温度。

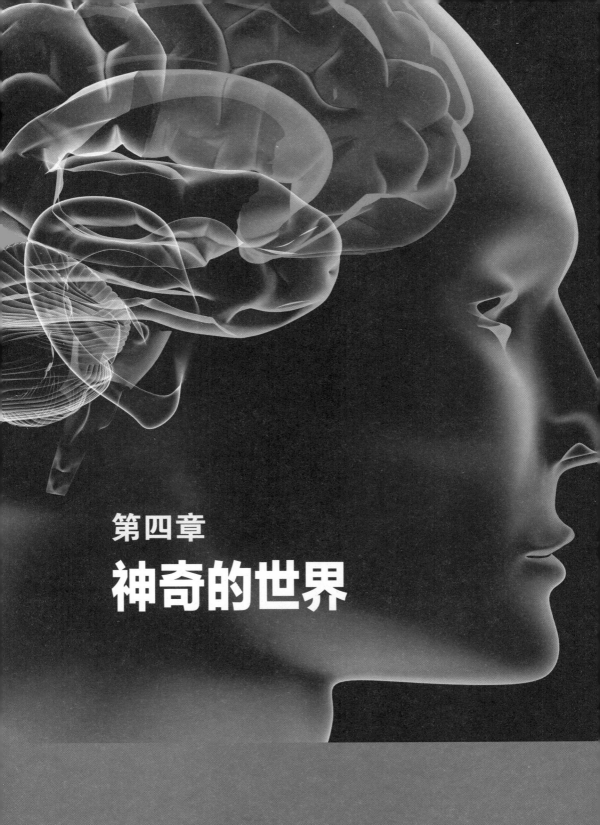

第四章

神奇的世界

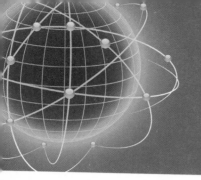

第一节
一切都是反的了
——反物质世界

伯文爷,我们知道原子是由带正电的原子核和带负电的电子构成的。难道质子就一定带正电,电子就一定带负电吗? 有没有反着来的情况呢?

1. 反物质

所谓"反物质",即与自然界存在的物质相反,是由带负电的原子核和带正电的电子组成的物质。

司司能够大胆地发出这样的疑问,真是好样的! 其实,反着来的情况确实是存在的。科学家们已经提出相关理论并发现了带负电的质子和带正电的正电子。他们把这些粒子称作"反粒子",由这些粒子构成的物质叫做"反物质"。

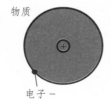

图 4-1-1 物质与反物质

伯文爷,我很好奇,科学家是怎么发现反物质的啊? 反物质又有什么特点呢?

早在 1896 年,就有人猜测有反物质存在,直到 30 多年之后,英国伟大的物理学家狄拉克建立了狄拉克方程,从理论上预言了反物质的存在。很快,就有科学家在宇宙中发现了带正电的正电子。为此,狄拉克光荣获得 1933 年诺贝尔物理学奖。就像我们看到的世界是由普通物质组成,反物质也可以组成类似的世界。也许这样的世界存在于宇宙中离我们很遥远的地方,我们的科学家们正在努力寻找它呢!

司司、南南,你们知道吗?当粒子和反粒子相遇时,它们就转变成一对射线,这就是"湮灭"。湮灭过程释放的能量比核裂变所释放的能量大得多,而且还没有核反应废料污染的弊端。你们试想一下,来自反物质世界的人与地球人握手,会发生什么情况呢?

天啊!他们会湮灭并释放出巨大能量,应该比核爆炸还可怕吧?

是的!湮灭也遵守爱因斯坦的质能关系式 $E=mc^2$。二分之一克反物质湮灭所产生的能量就与 1945 年 8 月美国投于日本广岛的原子弹爆炸差不多。

2. 湮灭效应

各种成对的粒子与反粒子一旦相遇,便会释放出 γ 射线、π 介子和极大的能量并同归于尽,这就是所谓的"湮灭"效应。

图 4-1-2 "反物质人"与我们握手会不会爆炸?

3. "成对粒子"概念

现代物理学发现所有的基本粒子都是成对的,成对的粒子的质量相等,但所带的电荷和其他特性却是相反的。比如,有带负电荷的电子,就有对应的带正电荷的反电子;有带正电荷的质子,就有对应的带负电荷的反质子;有中子,就有对应的反中子。

那太可怕了！我们有可能安全地利用反物质产生的能量吗？这样就不用为不可再生能源枯竭的问题发愁了！

是呀！科学家们也在做这方面的努力,目前已经在实验室制造出了反氢原子。但是实验要求太高,反物质又不易长时间保存,我们还要继续努力,相信反物质能在将来被好好利用。

第二节
站在弦上的世界
——弦论

本节内容

弦论

伯文爷,基本粒子都是圆形的吗?

其实如今有种理论认为粒子不是圆的,这个理论叫做"弦论",不过这是理论物理学上的一个尚未被证实的理论。这种理论认为世界上所有的物质和能量都是由振动着的细小的弦和多维组成的。

物质不是由基本粒子组成的吗？怎么又说是由弦和多维组成的呢？

是的。根据现今普遍被接受的物理理论，宇宙中的物质是由一些所谓的基本粒子所组成。例如，原子是由电子及原子核所组成，原子核是由质子与中子所组成，而质子与中子又分别是由夸克以不同的方式组成。基本粒子不但说明了物质的组成，也解释了物质之间的交互作用。

那弦论的提出又是基于什么原因呢？

弦论最早被提出时是想要描述强作用力，但是它无法解释许多强作用力的现象。因此，有一段时间，弦论曾被大多数物理学家遗弃。但少数科学家依然锲而不舍地继续研究弦论，最终解决了长久以来悬而未决的重力场论的量子化的问题。这绝不是偶然，单凭这点，弦论就值得理论物理学家努力研究。

弦论

弦论的出发点是，如果有更高精密度的实验，也许会发现基本粒子其实是条线。这条线或许是一个线段，称作"开弦"，或是一个循环，称作"闭弦"。弦可以振动，而不同的振动状态会在精密度不佳时被误认为不同的粒子。各个振动态的性质，对应着不同粒子的性质。例如，弦的不同振动能量，会被误认为不同粒子的质量。

图 4-2-1 弦理论模型

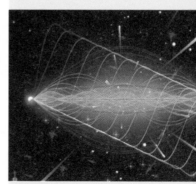

图 4-2-2 不停抖动的弦线和多维模拟图

第三节
和谁也没法相处的家伙
——黑洞

1. 黑洞

黑洞是一种超级致密的天体,由于具有强大的吸引力,物体只要进入离这个点一定距离的范围,就会被吸收掉。

南南,你知道什么是黑洞吗?

黑洞? 不是黑色的大窟窿吗? 哦! 难道是像沙漠中人和动物一旦掉进去就会被吞噬的流沙陷阱一样的东西?

呵呵,其实"黑洞"指的是一种像地球、太阳一样的天体。说它"黑"并不是真的黑,而是指它就像宇宙中的无底洞,任何物质一旦掉进去,就似乎再不能逃出,连光也不例外,所以我们无法直接观测到它。它就像变色龙一样会隐身,难以寻觅它的影踪。

伯文爷,既然黑洞能够"隐身",那我们怎么发现它的呢?

其实,黑洞是由衰老的质量巨大的恒星形成的。这就好像衰老的恒星在不断吞噬自己,但它并不能吞噬如此多的物质,所以在恒星即将形成黑洞时,它便会释放出一部分物质,也就是从两极发出大量的伽马射线,而我们人类就可以通过探测这些射线发现"新生"的黑洞。

图 4-3-1　黑洞不断塌缩最终从两侧发出伽马射线

伯文爷,对于古老的黑洞我们又怎么发现它们呢?

也不难!黑洞除了在形成时发射大量辐射之外,黑洞还会与周围的天体发生相互作用,而我们可以通过测量它对周围天体的作用和影响来间接推测它的存在。例如,黑洞由于具有很强的引力,会吸引附近的尘埃、气体以及一部分恒星物质,从而以黑洞为中心形成一种叫吸积盘的圆盘,人类可以通过观测吸积盘来发现黑洞。

2. 黑洞的形成

当一颗大质量恒星衰老时,中心能量几乎耗尽,在外壳巨大的重压之下,核心会开始大坍缩,恒星所有的物质都会向核心收缩。而它产生的巨大引力使得光也无法向外射出,从而切断了恒星与外界的一切联系,于是"黑洞"就诞生了。

图 4-3-2　黑洞是由大质量恒星演变而来

3.吸积与吸积盘

黑洞能够通过聚拢周围的气体、物质等产生辐射，这一过程被称为"吸积"。而"吸积盘"是一种由弥散物质组成的、围绕中心体转动的结构，它是包围黑洞或中子星的气体盘。

图 4-3-3　黑洞吸引周围物质形成吸积盘的模拟图

黑洞除了形成美丽的吸积盘以外，科学家还发现了很多别的神奇现象。例如，由于黑洞具有很强的引力，它可以使光线弯曲，有些恒星发出的光本来不是朝着地球的方向，但会因为黑洞的强引力折射而达到地球，这样我们不仅能看见这颗恒星的正面，还能看见它的侧面或者背面，这都要归功于黑洞在宇宙中扮演的引力透镜角色。

哦！黑洞真是一门高深的学问呀！

第四节
时间的秘密武器
——虫洞

本节内容 ▶

① 虫洞
② 霍金的虫洞理论

伯文爷，我最近看了一部有关时间旅行的小说，主人公能通过一种叫"虫洞"的东西进行时间旅行，可以去到过去和未来的任何一个日期，这"虫洞"也太玄乎了吧？

呵呵，其实是这样的。科学家在研究引力场的时候，从理论上推测出应该存在一种扭曲的时空结构，这种结构意味着黑洞内的部分会与宇宙的另一个部分相结合，由此在那里产生一个洞。而"虫洞"这一名词，是美国的行星天文学家卡尔·萨根在科幻小说《接触》中对这一扭曲结构的称呼。在那之后，各种科幻小说、电影及电视连续剧相继采用了这一名词。

那为什么扭曲的时空就能帮助我们时间旅行呢？

我们用一个简单的例子来说明吧！你们知道，在一个苹果的表面上从一个点到另一个点需要走一条弧线，但如果有一条蛀虫在这两个点之间蛀出了一个虫洞，通过虫洞就可以在这两个点之间走直线，这显然要比原先的弧线来得近。把这个类比从二维的苹果表面推广到三维的物理空间，就是物理学家们所说的虫洞，而虫洞可以在两点之间形成快捷路径的特点正是科幻小说家喜爱虫洞的原因。

1. 虫洞

虫洞（Wormhole），又称"爱因斯坦-罗森桥"，是宇宙中可能存在的连接两个不同时空的狭窄隧道。虫洞是 1930 年代由爱因斯坦及纳森·罗森在研究引力场方程时假设的，他们认为透过虫洞可以做瞬时的空间转移或者时间旅行。

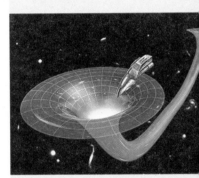

图 4-4-1 科幻小说中利用虫洞进行时间穿梭

图 4-4-2 虫洞提供了一条跨越时空的捷径

2.霍金的虫洞理论

与之前科学家认为的虫洞不同,霍金认为,"虫洞"就在我们四周,只是小到肉眼很难看见,它们存在于空间与时间的裂缝中。他指出,宇宙万物非平坦或固体状,贴近观察会发现一切物体均会出现小孔或皱纹,这就是基本的物理法则,而且适用于时间。时间也有细微的裂缝、皱纹及空隙,比分子、原子还细小的空间则被命名为"量子泡沫","虫洞"就存在于其中。

那科学家有没有发现真正的虫洞呢?

英国著名物理学家史蒂芬·霍金认为带着人类飞入时光机在理论上是可行的,所需条件包括太空中的虫洞或速度接近光速的宇宙飞船。但不幸的是至今这些都只是存在科学家的头脑中,还没有被证实。

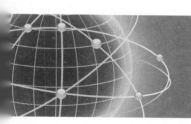

第五节
我有一件隐形衣
——暗物质

本节内容 ▶

① 暗物质
② 暗能量
③ 暗物质的发现

大千世界,五彩缤纷,似乎我们的地球已经包罗万象、无所不有了。但是,在我们的太阳系中,地球就显得渺小很多了;而在茫茫的银河系中,我们的太阳系也只能算是沧海一粟,渺小得让人很难找到。司司、南南,你们还记得吗?像银河系这些庞大的星系在整个宇宙中所占比例还不到 5% 呢!

忘了呢！其余的 95% 是什么呢？

图 4-5-1 浩瀚宇宙中的星系

其余的 95% 是隐藏在宇宙之中我们观察不到的暗物质和暗能量,他们才是这个世界的主要组成部分哦!

伯文爷,什么是暗物质和暗能量? 是看不见的物质和能量吗?

1. 暗物质

暗物质是指除了常见的星球、星系、星系团、类星体等发光及反射光的天体外,原则上它们自身不仅不能发光,而且也不会反射、折射或散射光,即对各种波长的光,它们都是百分之百的透明体。

暗物质可以说是看不见的物质,但从本质上讲是指那些自身不发射电磁辐射,也不与电磁波相互作用的一种物质。暗能量是一种不可见的、能推动宇宙运动的能量,宇宙中所有的恒星和行星的运动都是由暗能量和万有引力来推动的。

2. 暗能量

暗能量是一种不可见的、能推动宇宙运动的能量。

既然我们看不见暗物质,那应该也是间接推测出来的吧?

3. 暗物质的发现

1933 年，瑞士天文学家兹威基用两种方法估计了后发星系团的质量。一种是光度方法，即测量这个星系团中一些星系的发光能力；另一种是动力学方法，即测量各个星系的运动速度。兹威基发现，用这两种方法得出的质量差别极大。动力学质量要比光度质量大 400 倍，其结论只能是后发座星系团的主要质量并不是由常见的星系贡献的，而是由其中大量暗物质的质量贡献的。

是的！就像前面我们学到的那样，科学家通过探测黑洞对其他天体的影响来间接推测它的存在，暗物质的发现过程也是这样的。1933 年，瑞士天文学家兹威基用两种天文学测量方法估计了后发座星系团的质量。但是两种测量结果相差悬殊，兹威基由此猜测星系中有我们无法看见的暗物质存在。

爷爷，宇宙中有这么庞大的暗物质和暗能量，那它们扮演着什么角色呢？

从作用上来说，是暗物质促成了宇宙结构的形成，如果没有暗物质就不会形成星系、恒星和行星，更谈不上今天的人类了；暗能量则是我们宇宙加速膨胀的主要功臣。

虽然兹威基是发现暗物质的第一个人，但他的推论只停留在猜想阶段，并没得到公认。直到 1978 年射电天文学家才通过系统的观测测量，证实了宇宙中可能存在着质量更大的暗物质成分。1978 年，一些射电天文学家通过系统的测量漩涡星系的转动曲线，即测量距星系中心不同距离上的物体的转动速度。他们发现，在星系的发光区域之外，物体的转动速度与距离无关。这不符合开普勒定律，即距离中心越大的行星，转动速度越小。这一反常现象使人们相信，在宇宙中可能存在着质量更大的暗物质成分。

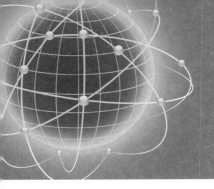

伯文爷，宇宙中是否存在和地球相似的行星呢？我们地球是宇宙中唯一适合人类生存的星球吗？

这是非常深刻的问题，迄今为止没有人给出肯定或者否定的回答。科学家们一直在努力寻找类地行星，但到目前为止，已发现的类地行星上的境况并不是十分理想。

1. 类地行星的定义

"类地行星"是指类似于地球的行星。它们距离太阳近，体积和质量都较小，平均密度较大，表面温度较高，大小与地球差不多，也都是由岩石构成的。

伯文爷，那科学家们是怎么确定类地行星的呢？

类地行星的表面一般都有峡谷、陨石坑、山和火山，通过观察和研究这些基本特征就可以确定了。内部构造也都很相似：中央是一个以铁为主，且大部分为金属的核心，围绕在周围的是硅酸盐为主的地幔。

2. 类地行星的构造

类地行星不仅有峡谷、撞击坑、山脉和火山，它们的大气层都是再生大气层，有别于类木行星直接来自于太阳星云的原生大气层。月球的构造也相似类地行星，但核心缺乏铁质。

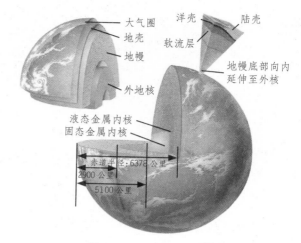

图 4-6-1 地球的构造图

3. 类地行星的探索

从1995年2月开始，"凤凰计划"开始利用澳大利亚新南威尔士的帕克斯64m射电望远镜观测200光年以内约1 000颗邻近的类日恒星，但至今找到的100多颗太阳系外行星，几乎全都是由炽热的气体组成的，而不是由岩石和矿物组成的类地行星。

那太阳系中哪些行星是类地行星呢？

呵呵，其实这个问题我们前面聊宇宙时有提到过哦！地球所在的太阳系中有四颗类地行星：水星、金星、地球和火星。

图 4-6-2 水星、金星和火星

哦！科学家们在太阳系外发现类地行星了没？

　　其实天文学家已经在银河系中发现了若干和地球相似的表面由岩石构成的行星。但这些行星要么缺乏围绕旋转的类似太阳的星球，要么围绕其旋转的行星已经死亡。且发现的大部分行星质量都远远超过地球,而真正的"类地行星"应在 1.3 倍地球半径以下,所以类地行星的发现还在人们的期待中。

第七节
换个星球住住
——移民火星

伯文爷,您说过太阳系中有四颗类地行星,那其中的水星、金星和火星适合人类居住吗？

本节内容 ▶
① 火星档案
② 火星登陆计划

　　这样说吧！火星是目前科学家勘探到的环境最接近地球的星球。如果要寻找另外一个适合人类居住的星球,火星肯定是第一候选。

火星相对其他行星有什么优势呢？

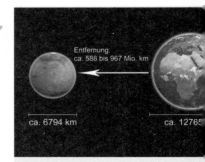

图 4-7-1　火星与地球的大小对比图

1. 火星档案

火星是除金星外离地球最近的行星，火星比地球小，半径约为地球的一半，质量只有地球的十分之一。火星有稀薄的大气，其中大部分为是二氧化碳，大气密度约为地球大气的 1%。在火星上，一年约为 687 天，有着四季分明的气候，不过火星的自然状态仍不适合人类居住。

2. 火星登陆计划

现在美国宇航局（NASA）的火星登陆计划已经开始逐步实施，根据白宫的计划，美国人将在 2030 年登陆火星；而俄罗斯甚至提出，要在 2015 年将宇航员送上火星。这些大胆的航天计划，将是人类移民火星的第一步。

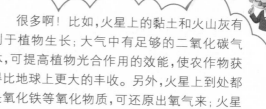

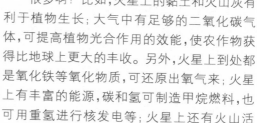

很多啊！比如，火星上的黏土和火山灰有利于植物生长；大气中有足够的二氧化碳气体，可提高植物光合作用的效能，使农作物获得比地球上更大的丰收。另外，火星上到处都是氧化铁等氧化物质，可还原出氧气来；火星上有丰富的能源，碳和氢可制造甲烷燃料，也可用重氢进行核发电等；火星上还有火山活动和水流冲击形成的各种金属富矿，这比散布在土石中的月球金属元素优越得多。

那我们怎样才能移民到火星上呢？现在条件成熟了吗？

随着人类对火星了解得越来越多，不少科学家，甚至美国宇航局（NASA）都已经开始进行移民火星的科学探索。但人类至今还没有亲自到过火星，只派出过探测器登上了这颗红色星球。

图 4-7-2　以火星探测为主题的邮票

要想移居火星,首先要"外星环境地球化",意思是改变外星的环境,如大气层里的气体,使之接近地球的自然环境。现在火星赤道附近的温度有时可达到 0℃ 以上,要使火星的冰冻物质完全融化,与地球正在努力遏制温室效应不同,人类要在火星上制造一场"巨大的温室效应";而有科学家认为,这一过程大约需要 1 000 年。

第八节
去外太空旅游
——星际航行

本节内容 ▶

① 星际航行
② 光速星际航行

宇宙好美啊!真想有一天能飞去太空旅游一番!

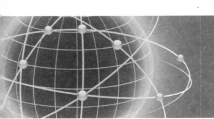

呵呵,实际上早已有科学家为南南的这个美好愿望付诸努力了!比如,我国著名科学家钱学森在 20 世纪 60 年代就撰写了一本名为《星际航行概论》的教材,系统介绍了星际航行技术各个方面的内容。

哇,真酷!那有没有人真正进行过星际航行呢?

1. 星际航行

"星际航行"是行星际航行和恒星际航行的统称。行星际航行是指太阳系内的航行,恒星际航行是指太阳系以外的恒星际空间的飞行。载人行星际航行已经实现,而恒星际航行尚处于探索阶段。

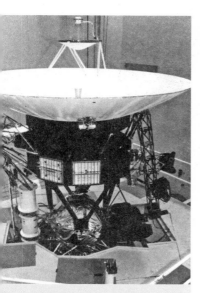

图 4-8-1 旅行者 1 号

其实航天员登月就属于星际航行,这种在太阳系内的航行我们称为"行星际航行"。而太阳系以外的航行现在还停留在不载人的航行阶段。1977 年 9 月美国发射了一枚名为"旅行者 1 号"的外太阳系空间探测器,2012 年 5 月已达到太阳系边缘,但到 2012 年 12 月 3 日美国科学家表示,"旅行 1 号"探测器仍未飞离太阳系,这表明太阳系可能比人类预想的还要广大。

哇!怎么花了 35 年还没飞出太阳系啊?

2. 光速星际航行

要达到恒星际航行的目标,就必须使推进火箭达到光速才能成为可能。然而根据爱因斯坦的相对论理论,当火箭的喷气速度提高到接近光速的水平,航天器起飞时的质量将为航天器质量的 34.8 亿倍,这是无法实现的。因此,人类需要发明出用于未来恒星际航行的推进系统。

是啊,要知道我们的宇宙是十分巨大的。以现代火箭 20km/s 左右的速度从地球出发到达离我们最近的恒星也需要 65 000 年的时间,且航行期间需要的能源与目前全球一年消耗能源的总和差不多。

唉,看来人类要想太阳系外的星际航行是不可能的了!

呵呵,要想太阳系外星际航行,人类的航天飞船速度要达到光速的水平才行,也就是$3×10^8$m/s。现阶段航天中使用的各种飞船只有光速的几万分之一。但随着时代的发展,相信总有一天人类可以将飞船的速度提升至更接近光速的水平。

图 4-8-2　星际航行假想

第九节
外星人真的存在吗
——外太空生物

司司,昨天我去看了《变形金刚3》,里面的汽车人擎天柱太厉害了!

本节内容 ▶

① 外太空生命
② 外太空生物的探索过程
③ 寻找外星生物的途径

擎天柱是很厉害,但我觉得《外星人保罗》中的保罗更厉害!他们有先进的科技,聪慧的大脑,还有可以治愈的超能力呢!

司司、南南,你们在谈论外星人吗?

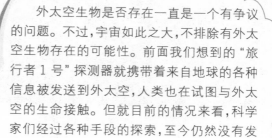

是的,伯文爷。电影中的外星人都好厉害!在茫茫宇宙中真的有外星人或者外太空生物存在吗?

图4-9-1　电影里的变形金刚

外太空生物是否存在一直是一个有争议的问题。不过,宇宙如此之大,不排除有外太空生物存在的可能性。前面我们想到的"旅行者1号"探测器就携带着来自地球的各种信息被发送到外太空,人类也在试图与外太空的生命接触。但就目前的情况来看,科学家们经过各种手段的探索,至今仍然没有发现外太空生物存在的讯息。

1. 外太空生命

外星生命一般指存在于地球以外的生命体。它们尚没有被目前地球上的生命所观测到,倒是许多虚构作品中时常有外星人出现。外星人外星人也时常被作为人类文艺节目讨论或展示的对象。当然始终有人相信有外星人的存在。但是目前没有确凿的证据来证实这一点。

如果真的有外太空生物存在,他们会长什么样儿呢?像我们人类一样有一个脑袋两只眼睛吗?

113

这很难说哦！也许只是一些很低等的生命形式，但不排除有智慧生命的存在。伟大的物理学家霍金还设想过生长在不同环境中的外太空生物的外貌特征呢！

2.外太空生物的探索

17世纪，伽利略将新发明的望远镜首次指向了天空，辨认出月球上的山脉，并且注意到其他行星像地球一样也是圆的。从此人们就开始了对外太空生物的找寻。

大约60年后，其他天文学家观察到火星上的极冰盖，以及该行星上的颜色变化，他们认为那是随季节改变而发生的植被变化(现在已经知道那些颜色是尘暴的结果)。但是在20世纪70年代通过"海盗"号着陆舱太空飞行器获得的火星土壤标本缺乏任何生命存在的物质证据。

图4-9-2　科学家幻想的各种可能的外太空生命形式

哇，好奇怪的外太空生物！怎么就没有和人类长得像的呢？

刚才伯文爷说了，这些生物只是科学家对它们的猜想，是否存在还是个问题呢！

3. 寻找外星生物的途径

寻找外星人的途径除人类主动搜寻外星人以外,外星人的活动也会产生可探测的痕迹。例如,外星文明产生的光污染、化学污染,核裂变以及改造恒星的证据和产物等都可以帮助我们探寻外星生命的踪迹。

我们一般用什么方式寻找外太空生物呢?

人们寻找外星人的方式主要通过两种手段:一方面从地球发射探测器到不同星球寻找是否有生命存在的印迹;另一方面,科学家们向可能存在外星人的星球发射无线电讯息,如果有高等外星生物存在,那我们就可能收到它们回馈的讯息。

看来外太空生物还有待我们进一步探测啊!

1977年8月和9月,美国国家航空航天局(NASA)成功发射了"旅行者1号"和"旅行者2号"探测器。除了科学仪器外,旅行者号探测器上还携带了1张镀金铜板声像片和1枚金刚石唱针,它可以在宇宙中保存10亿年,上面记录了用54种人类语言向外星智慧生物发出的问候语,还有117种地球上动植物的图形,以及长达90分钟的各国音乐录音,其中包括中国传统古琴名曲《高山流水》。